思维导图话科学史

图说天文学

舒锡莉　主编

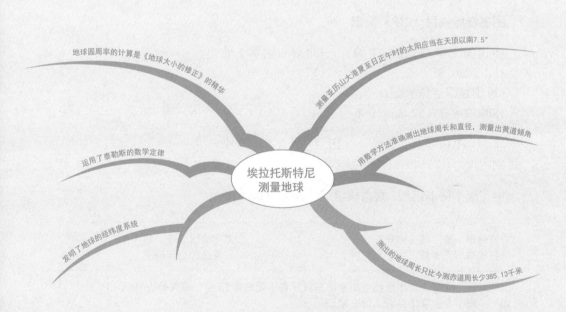

地球圆周率的计算是《地球大小的修正》的精华

测量亚历山大港夏至日正午时的太阳应当在天顶以南7.5°

运用了泰勒斯的数学定律

用数学方法准确测出地球周长和直径，测量出黄道倾角

埃拉托斯特尼
测量地球

发明了地球的经纬度系统

测出的地球周长只比今测赤道周长少385.13千米

化学工业出版社

·北京·

内容提要

天文学在科学发展史上居于领先的地位，本书沿着时间的脉络，重温了人类天文学发展的伟大历程，结合思维导图的编写方式，为读者讲述了天体的存在形式及天文学的发展历程，主要内容包括：宇宙的诞生（约138亿年前~约公元前3000年）、古代天文学时期（约公元前2999年~1299年）、经典天文学时期（1300年~1779年）、近代天文学时期（1780年~1899年）、现代天文学时期（1900年~1955年）、宇宙空间探索时代（1956年以后）。

本书内容丰富，脉络清晰，作为基础科普读物适合青少年、中小学教师阅读，也可作为提高公众科学素养的读本。

图书在版编目（CIP）数据

图说天文学/舒锡莉主编． —北京：化学工业出版社，2020.5
（思维导图话科学史）
ISBN 978-7-122-36324-4

Ⅰ．①图… Ⅱ．①舒… Ⅲ．①天文学-青少年读物 Ⅳ．①P1-49

中国版本图书馆CIP数据核字（2020）第034105号

责任编辑：曾 越 张兴辉　　　　　　　文字编辑：陈 喆
责任校对：王素芹　　　　　　　　　　装帧设计：王晓宇

出版发行：化学工业出版社（北京市东城区青年湖南街13号　邮政编码100011）
印　　刷：北京京华铭诚工贸有限公司
装　　订：三河市振勇印装有限公司
710mm×1000mm　1/16　印张15　字数265千字　2020年7月北京第1版第1次印刷

购书咨询：010-64518888　　　　　　　售后服务：010-64518899
网　　址：http://www.cip.com.cn
凡购买本书，如有缺损质量问题，本社销售中心负责调换。

定　　价：59.80元

天文学是研究宇宙空间天体、宇宙的结构和发展的学科。研究天文学，主要是测量天体的位置、探索它们的运动规律，研究它们的物理性质、化学组成、内部结构、能量来源以及演化规律等。天文学是一门古老的科学，自有人类文明史以来，天文学就有着重要的地位。

天文学史是科学史的一个重要分支，天文学的进步与人类的自我认识过程紧密相关。天文学循着"观测—理论—观测"的发展途径，不断地将人类的视野伸展到宇宙的深处。随着人类社会的发展，天文学的研究对象从太阳系发展到整个宇宙。我们对于人类怎样运用智慧去掌握宇宙的规律，以及它们在科学上所产生的影响，都应该具有一定的认识。本书沿着时间的脉络，重视科学思想的演变，为读者讲述了天体的存在形式和天文学的发展历程，主要内容包括：宇宙的诞生（约138亿年前～约公元前3000年）、古代天文学时期（约公元前2999年～1299年）、经典天文学时期（1300年～1779年）、近代天文学时期（1780年～1899年）、现代天文学时期（1900年～1955年）、宇宙空间探索时代（1956年以后）。

本书内容丰富、脉络清晰，作为基础科普读物适合青少年、中小学教师阅读，也可作为提高公众科学素养的读本。

本书由舒锡莉主编，由刘艳君、何影、张黎黎、董慧、王红微、齐丽娜、李瑞、于涛、孙丽娜、孙时春、李东、刘培、何萍、白雅君等共同协助完成。

由于编者的经验和学识有限，内容难免有不足之处，敬请广大专家、学者批评指正。

编　者

4 近代天文学时期（1780年~1899年）　101

5　现代天文学时期（1900年～1955年）　142

6　宇宙空间探索时代（1956年以后） 169

1

宇宙的诞生

（约138亿年前～约公元前3000年）

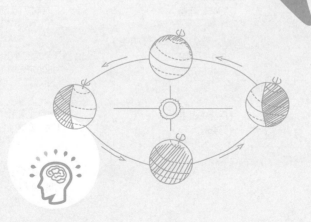

　　你知道宇宙是如何诞生的吗？宇宙诞生之前是什么？"大爆炸"理论认为，我们的宇宙原本是一个不大的，但密度极高、温度极高的原始火球。大约在138亿年前，这个原始火球突然发生了惊天动地的大爆炸，将物质抛向四周，从此产生了宇宙。大爆炸宇宙论的创立，标志着人类用科学的思辨推开了通向宇宙的门扉，成为人类文明史上的重要里程碑。

导图

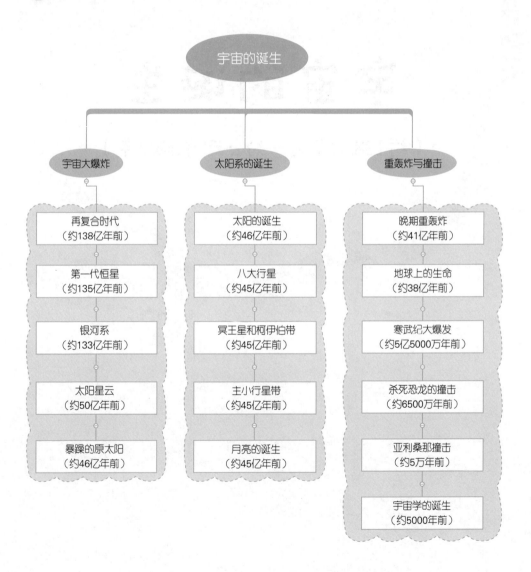

1.1 💡宇宙大爆炸

1.1.1　再复合时代

大约在大爆炸的40万年后，温度下降到只有几千开尔文，这一温度已经低到稳定的氢原子可以捕获电子，并允许宇宙形成最早的多原子的氢分子，宇宙早期历史中的这一时期（约138亿年前）被称为再复合时代。

🎯 导 图

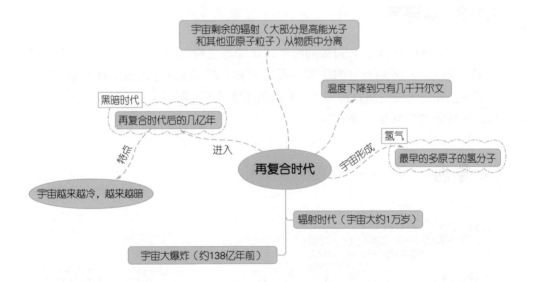

1.1.2　第一代恒星

大约在135亿年前，出现了第一代恒星。第一代恒星有时候被天文学家们称为星族Ⅲ恒星，它们是巨大的，质量可能是太阳的100～1000倍，它们对邻近的周围空间产生巨大的影响。

导图

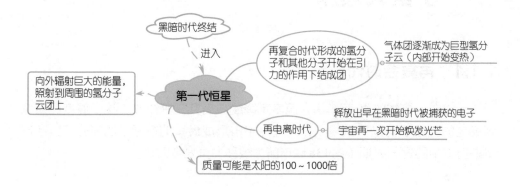

1.1.3　银河系

　　银河系是包含我们太阳系的星系，从地球上看，因为是在银河盘面结构的内部，所以呈现环绕天空的环带。天文学家不知道银河系形成的精确时间，银河系中已知最老的恒星在银晕中，年龄为132亿年；银盘上最老的恒星要年轻一些，年龄大约为80亿～90亿年。

导图

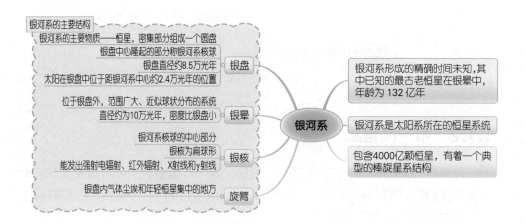

人物小史与趣事

★银河系经过的主要星座

银河系在天空上的投影就像一条流淌在天上闪闪发光的河流一样，所以古人称其为银河或天河。人们一年四季都可以看到银河，在夏秋之交能看到银河最明亮壮观的部分。

银河系经过的主要星座有：天鹅座、天鹰座、狐狸座、天箭座、蛇夫座、盾牌座、人马座、天蝎座、天坛座、矩尺座、豺狼座、南三角座、圆规座、苍蝇座、南十字座、船帆座、船尾座、麒麟座、猎户座、金牛座、双子座、御夫座、英仙座、仙后座和蝎虎座等。

知识链接

全天88星座

北天星座：小熊座、天龙座、仙王座、仙后座、大熊座、仙女座、英仙座、武仙座、蝎虎座、鹿豹座、狐狸座、御夫座、牧夫座、猎犬座、小狮座、后发座、北冕座、天猫座、天琴座、天鹅座、天箭座、海豚座、飞马座、三角座、巨蛇座、蛇夫座、盾牌座、天鹰座、小马座。

黄道12星座：白羊座、金牛座、双子座、巨蟹座、狮子座、室女座、天秤座、天蝎座、人马座、摩羯座、宝瓶座、双鱼座。

南天星座：鲸鱼座、猎户座、麒麟座、小犬座、长蛇座、六分仪座、天坛座、天燕座、天鹤座、天鸽座、天兔座、天炉座、绘架座、唧筒座、雕具座、望远镜座、显微镜座、矩尺座、圆规座、时钟座、山案座、印第安座、飞鱼座、剑鱼座、苍蝇座、蝘蜓座、杜鹃座、乌鸦座、凤凰座、孔雀座、水蛇座、豺狼座、大犬座、南三角座、南十字座、南鱼座、南极座、南冕座、船底座、船尾座、罗盘座、网罟座、船帆座、玉夫座、半人马座、波江座、巨爵座。

银河在天空中明暗不一，宽窄不等。最窄的只有4～5度，最宽的约30度。对于北半球来说，夏季星空的重要标志，是从北偏东地平线向南方地平线延伸的光带——银河，以及由3颗亮星，即银河两岸的织女星、牛郎星和银河之中的天津四所构成的"夏季大三角"。夏季的银河由天蝎座东侧向北伸展，横贯整个天空，气势磅礴，极为壮美；但也只能在没有灯光干扰的野外才能够欣赏到。冬季的银河很黯淡，但在天空中可以看到明亮的猎户座，以及由天狼星、参宿四、南河三构成的明亮的"冬季大三角"。

1.1.4　太阳星云

太阳星云是通过凝聚和吸积形成太阳、太阳系内天体的气团和弥散的固体物质，大约在50亿年前开始塌缩，然后形成太阳系的气尘云。

导图

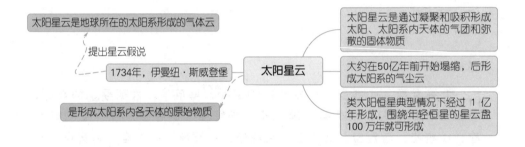

太阳星云是地球所在的太阳系形成的气体云

提出星云假说

1734年，伊曼纽·斯威登堡

是形成太阳系内各天体的原始物质

太阳星云

太阳星云是通过凝聚和吸积形成太阳、太阳系内天体的气团和弥散的固体物质

大约在50亿年前开始塌缩，后形成太阳系的气尘云

类太阳恒星典型情况下经过1亿年形成，围绕年轻恒星的星云盘100万年就可形成

人物小史与趣事

伊曼纽·斯威登堡

伊曼纽·斯威登堡（Emanuel Swedenborg，1688—1772），瑞典的科学家、神秘主义者、哲学家和神学家。

斯威登堡曾被誉为"西欧历史上最伟大、最不可思议的人物"，其学术成就远远超过他那个时代的水准。他是当时欧洲最伟大的学者，生前留下150本著作。他在德国莱比锡出版了3卷本的《哲学和逻辑学著作集》，这部著作的第一部分论述他的成熟的自然哲学。在这方面他深受法国大哲学家笛卡儿的影响。事实上，斯威登堡自然哲学的三个主要结论都受到笛卡儿的启发：物质由无限可分的微粒构成；这些微粒处于永恒的旋转运动之中；地球行星系统是从太阳物质团中分离出来的。第三个结论是他宇宙学的核心，深受英国作家T.伯内特《神圣的地球理论》一书的影响，是康德-拉普拉斯星云说的先驱。

★瑞典最具成就之人——斯威登堡

参观过瑞典乌普萨拉大教堂的人，可能都会注意到一个醒目的红色花岗岩石棺，上面写着伊曼纽·斯威登堡（Emanuel Swedenborg）的名字，棺中存放着一位瑞典最具成就之人的遗体。只有国王、大主教、将军和著名学者才有可能葬在这里，接受公众瞻仰，历史上享受这种礼遇的瑞典人屈指可数。那么，斯威登堡是谁？他为何受到如此规格的礼遇和关注？他有哪些重大贡献？大多数参观游历的人一定对他感到陌生，可能只有某些学者才会知道他在科学和哲学方面对18世纪的欧洲所作出的重要贡献，拥护斯威登堡神学思想的人们则会视他为神在地上的先知，以敬佩之情瞻仰他最后的安息之所。

斯威登堡，1688年出生于瑞典斯德哥尔摩，其父亲是乌普萨拉大学的神学教授，兼乌普萨拉大教堂的主任牧师，后荣膺主教，同时晋升为贵族，并担任王室的专职牧师，从而有资格进入瑞典最上层的社交和政治圈。一家人时常在就餐或聚会时谈论宗教话题，小斯威登堡因而有足够的机会和神职人员就信仰和生活上的问题交流看法。因此，多年后，当他回忆儿时所受的宗教影响时，他写道："我时常思考神、救恩、人类精神上的痛苦等问题……"

虽然神学是一家人主要探讨的话题，但其他方面的话题，比如政治、战争、哲学、科技等，也时常会成为他们谈论的焦点。1699年6月，拥有知识积累的斯威登堡进入了乌普萨拉大学。完成大学的正规教育后，他计划长期到国外旅行深造。1710年，22岁的斯威登堡首次来到了英国，或请教知名学者，或通过自学，研习物理、天文和其他自然科学。斯威登堡对机械有强烈的兴趣，并且学习制表、书籍装订、雕刻等技艺。到荷兰之后，他又学习了镜片研磨技术，后来又研究了宇宙学、数学、解剖学、生理学、政治学、经济学、冶金学、矿物学、地质学、采矿工程学和化学。1716年，斯威登堡开始参与公共事务。瑞典国王查尔斯十二世任命28岁的青年科学家斯威登堡担任皇家矿务局的特别顾问，其职责包括视察矿场，就矿藏的质量和数量作出详细的报告。

斯威登堡还参与人事和行政工作，雇用人员，仲裁劳动争议，并且提出改进建议。他在矿藏委员会忠实履行自己的职责，直到1747年退休。斯威登堡在机械制造方面具有很高的天赋，为国家作出了重要的贡献。斯威登堡在为瑞典出版发行的第一份科学杂志做编辑时所作的工作给国王查尔斯十二世留下了深刻的印象，于是请他担任自己的工程顾问，监督若干重要的公共建筑工程。斯威登堡的任务包括建造一个全新设计的船坞，修建一条运河，建立一套陆地转移大型战舰的系统。此外，斯威登堡还在描绘未来制造飞机、潜艇、蒸汽机、气枪、缓慢燃烧炉等机器上表现出了创造性的想象力。

斯威登堡在哲学研究上有两大主要兴趣：宇宙学和人类灵魂的本质。从1720年到1745年，他在这两个方面不断地研究、写作并发表文章。1720年发表了他首部重要的哲学著作《化学》（Chemistry），又著有他生前未曾发表的论述宇宙存在和延续进程的近600页的手稿（Lesser Principia），1734年发表了他的哲学巨著《哲学和矿物学著作集》（Philosophical and Mineralogical Works）。现代科学试验，尤其是在原子能领域的试验，已经证实斯威登堡在宇宙学方面的诸多猜测。

诺贝尔奖得主、著名化学家、20世纪物理化学创始人斯万特·阿伦尼乌斯（Svante Arrhenius）得出结论认为，布冯（Buffon）、康德（Kant）、拉普拉斯（Laplace）、赖特（Wright）、兰伯特（Lambert）等提出的宇宙创造的理论，斯威登堡早已在他的著作中提到。斯威登堡的著作表明，对宇宙加以纯粹物质的解释不能让他满足，他的著作始终假定神的力量潜藏在所有物质的背后。

1.1.5　暴躁的原太阳

约46亿年前，太阳经历了一个短暂而暴躁的时期，在此之后，太阳将稳定地燃烧着氢，度过它漫长而相对平静的一生。

导图

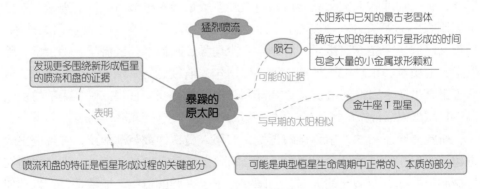

1.2 ✦太阳系的诞生

1.2.1 太阳的诞生

大约在46亿年前，太阳星云中心区的温度和压力急剧增长了大约1亿年，直到氢原子引发核聚变，产生出氦并以光和热的形式释放能量，太阳从此诞生。太阳的体积是地球的130多万倍，与地球平均距离为14960万千米，直径为139万千米，从地球到太阳上去，坐飞机也要20多年。

🎯 导图

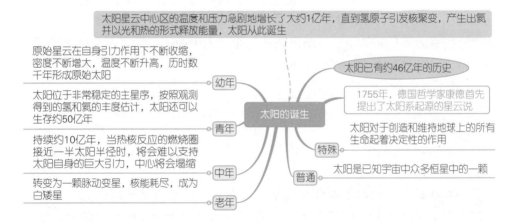

太阳星云中心区的温度和压力急剧地增长了大约1亿年，直到氢原子引发核聚变，产生出氦并以光和热的形式释放能量，太阳从此诞生

原始星云在自身引力作用下不断收缩，密度不断增大，温度不断升高，历时数千年形成原始太阳 —— 幼年

太阳位于非常稳定的主星序，按照观测得到的氢和氦的丰度估计，太阳还可以生存约50亿年 —— 青年

持续约10亿年，当热核反应的燃烧圈接近一半太阳半径时，将会难以支持太阳自身的巨大引力，中心将会塌缩 —— 中年

转变为一颗脉动变星，核能耗尽，成为白矮星 —— 老年

太阳的诞生

太阳已有约46亿年的历史

1755年，德国哲学家康德首先提出了太阳系起源的星云说

太阳对于创造和维持地球上的所有生命起着决定性的作用 —— 特殊

太阳是已知宇宙中众多恒星中的一颗 —— 普通

🎯 人物小史与趣事

伊曼努尔·康德

伊曼努尔·康德（1724—1804），德国作家、哲学家，德国古典哲学创始人，其学说深深影响近代西方哲学，并开创了德国古典哲学和康德主义等诸多流派，出生和逝世于德国柯尼斯堡。

康德的一生对知识的探索可以以1770年为标志分为前期和后期两个阶段，前期主要研究自然科学，后期则主要研究哲学。前期的主要成果有1755年发表的《自然通史和天体论》，其中提出了太阳系起源的星云假说。后期从1781年开始的9年里，康德出版了一系列涉及领域广阔、有独创性的伟大著作，给当时的哲学思想带来了一场革命，它们包括《纯粹理性批判》（1781年）、《实践理性批判》（1788年）以及《判断力批判》（1790年）。"三大批判"的出版标志着康德哲学体系的完成。

★康德的星云说

1754年，康德发表了论文《论地球自转是否变化和地球是否要衰老》，对"宇宙不变论"大胆提出怀疑。1755年，康德发表了《自然通史和天体论》一书，首先提出太阳系起源的星云假说。康德在书中指出：太阳系是由一团星云演变来的，这团星云由大小不等的固体微粒组成，天体在吸引力最强的地方开始形成，引力使得微粒相互接近，大微粒吸引小微粒形成较大的团块，团块越来越大，引力最强的中心部分吸引的微粒最多，首先形成太阳；外面微粒的运动在太阳吸引下向中心体下落时与其他微粒碰撞而改变方向，成为绕太阳的圆周运动，这些绕太阳运转的微粒逐渐形成了几个引力中心，最后凝聚成绕太阳运转的行星。卫星的形成过程与行星相似。

知识链接

太阳

太阳是位于太阳系中心的恒星，占有太阳系总体质量的99.86%。太阳直径大约是$1.392×10^6$千米，相当于地球直径的109倍；体积大约是地球的130万倍；其质量大约是$2×10^{30}$千克（地球的33万倍）。从化学组成来看，现在太阳质量的大约四分之三是氢，剩下的几乎都是氦，包括氧、碳、氖、铁和其他的重元素质量少于2%，采用核聚变的方式向太空释放光和热。

康德的星云假说发表后并没有引起人们的注意，直到拉普拉斯的星云假说发表以后，人们才想起了康德的星云假说。

1.2.2　八大行星

太阳系中的所有行星都在大约45亿年前形成。八大行星是太阳系的八个行星，按照离太阳的距离从近到远，它们依次为水星（☿）、金星（♀）、地球（⊕）、火星（♂）、木星（♃）、土星（♄）、天王星（♅）、海王星（♆）。

导图

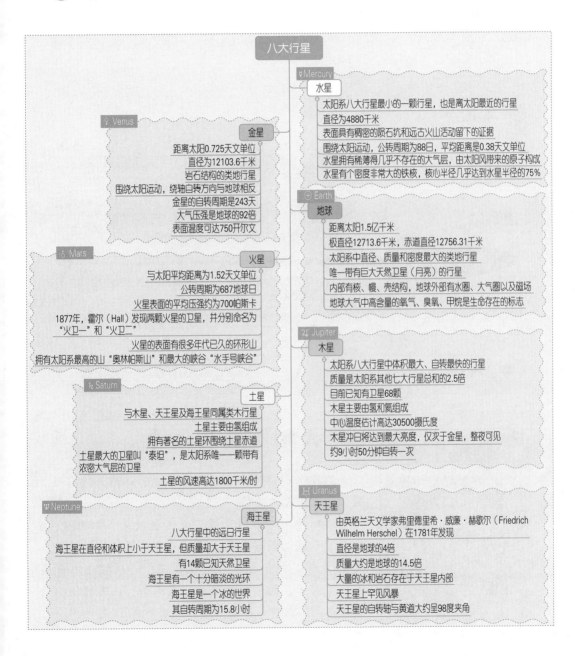

1.2.3　冥王星和柯伊伯带

约在45亿年前，冥王星和柯伊伯带就出现了。冥王星是柯伊伯带中首先被发现的天体，也是目前太阳系中体积最大、质量第二大的矮行星。冥王星是体积最大的海外天体，其质量仅次于位于离散盘中的阋神星。国际天文联合会（IAU）于2006年正式定义行星概念，新定义将冥王星排除行星范围，将其划为矮行星（类冥天体），国际小行星中心将已知或即将成为矮行星的天体赋予编号，冥王星编号为小行星134340号。

 导图

冥王星和柯伊伯带

冥王星
- 在一个距离太阳30～50天文单位的椭圆轨道上围绕太阳运动
- 质量约是月亮的20%，体积约是月亮的35%
- 有五个已知的冰质天然卫星
- 冥王星的大气层像彗星一样稀薄，充满氮、甲烷和一氧化碳
- 国际天文学联合会于2006年将冥王星降级为矮行星

柯伊伯带
- 柯伊伯带是太阳系在海王星轨道外黄道面附近、天体密集的中空圆盘状区域
- 因美籍荷兰裔天文学家杰拉德·柯伊伯（Gerard Kuiper）而命名
- 如今已有约1000个柯伊伯带天体被发现
- 由于冥王星的个头和柯伊伯带中的小行星大小相当，因此冥王星应被归入柯伊伯带小行星的行列当中

人物小史与趣事

柯伊伯

杰拉德·柯伊伯（Gerard Kuiper，1905—1973），荷兰裔美国天文学家。

1948年，柯伊伯发现了天王星的第五颗卫星，它是最小也是最靠近天王星的一颗卫星。柯伊伯将它命名为"米兰达"（即"天卫五"）。1949年他又发现了海王星的第二颗卫星，它很小，轨道的偏心程度很高。柯伊伯命名它为"涅瑞伊得"（即为"海卫二"）。

柯伊伯提出在太阳系边缘存在一个由冰物质运行的带状区域，为了纪念柯伊伯这个著名的发现，这个区域被命名为"柯伊伯带"。

★柯伊伯带的假说

柯伊伯带的假说最初是由爱尔兰裔天文学家埃吉沃斯（Edgeworth）提出的，杰拉德·柯伊伯发展了此观点。柯伊伯带被误认为是太阳系的边界，但太阳系还包括向外延伸两光年之远的奥尔特星云。早在20世纪50年代，柯伊伯和埃吉沃斯（Edgeworth）便预言：在海王星轨道以外的太阳系边缘地带，充满了微小冰封的物体，它们是原始太阳星云的残留物，也是短周期彗星的来源地。

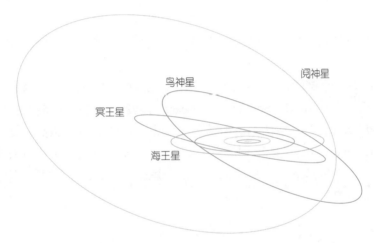

柯伊伯带区域中一些矮行星的运行轨道

1992年，人们找到了第一个柯伊伯带天体（KBO）；至今已有约1000个柯伊伯带天体被发现，直径从数千米到上千千米不等。许多天文学家认为：因冥王星的个头和柯伊伯带中的小行星大小相当，所以冥王星应该被排除在太阳系行星之外，而归入柯伊伯带小行星的行列当中；而冥王星的卫星则应被视作其伴星。不过，由于冥王星是在柯伊伯带理论出现之前被发现的，因此传统上仍被认为是行星。2006年，在布拉格召开的第26届国际天文学联合会（IAU）会议上以表决的方式通过决议，剥夺了冥王星作为太阳系大行星的地位，将其降为矮行星。但无论如何，柯伊伯带的存在现已是公认的事实，但柯伊伯带为什么会存在的种种疑问成为太阳系形成理论的许多未解谜团的一部分。

知识链接

柯伊伯带

柯伊伯带是太阳系在海王星轨道（距离太阳约为30天文单位）外黄道面附近、天体密集的中空圆盘状区域。

在距离太阳40～50个天文单位的位置，低倾角的轨道上，过去一直被认为是一片空虚，太阳系的尽头所在，但事实上这里满布着大大小小的冰封物体。柯伊伯带上的这些物体是怎么形成的呢？如果按照行星形成的吸积理论进行解释，那就是它们在绕日运动的过程中发生碰撞，互相吸引，最后黏附成一个个大小不一的天体。

为了解开这个谜团，陆续有几个理论出现，可惜它们都有明显限制。如今，美国西南研究院（SwRI，Southwest Research Institute）的哈罗德·利维森博士（Dr.Harold Levison）以及法国尼斯蓝色海岸天文台的亚历桑德罗·莫比德利博士（Dr.Alessandro Morbidelli）共同提出了一个理论，认为柯伊伯带天体是在距离太阳更近位置成形后，又被海王星一个个甩出去的，从而解答了柯伊伯带总质量不足的问题。

1.2.4　主小行星带

主小行星带（约45亿年前）是太阳系内介于火星和木星轨道之间的小行星密集区域，由已经被编号的120437颗小行星统计得到，98.5%的小行星都在此处被发现。

 导图

1.2.5 月亮的诞生

地球是类地行星中独一无二的，因为它有一颗非常大的天然卫星——月亮，但是，我们的月亮从哪来呢？在古希腊神话中，月亮是宇宙之王宙斯的女儿阿尔忒弥斯的化身。近代以来，科学家根据当时的知识对月亮的起源作了各种假说。英国天文学家乔治·达尔文提出了"分离说"，瑞典天文学家阿尔文提出了"俘获说"，现在大多数天文学家认为月亮和地球是在同一个原始星云中同时形成的，即月亮诞生于约45亿年前。

🎯 导 图

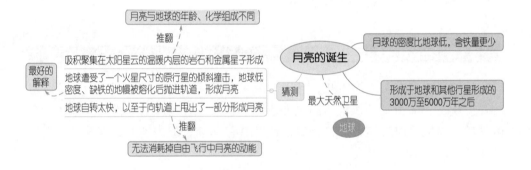

1.3 💡重轰炸与撞击

1.3.1 晚期重轰炸

晚期重轰炸，又称为月球灾难，是指约38亿～41亿年前，在月球上形成大量撞击坑的事件，对地球、水星、金星及火星亦造成影响。这个事件的证据主要是基于月球样板的测年结果，大部分陨击熔岩都是在同一段时间内出现。

导图

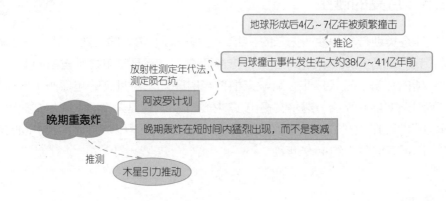

地球形成后4亿~7亿年被频繁撞击

推论

月球撞击事件发生在大约38亿~41亿年前

放射性测定年代法，测定陨石坑

阿波罗计划

晚期重轰炸

晚期轰炸在短时间内猛烈出现，而不是衰减

推测

木星引力推动

人物小史与趣事

★ 关于晚期重轰炸的争议

　　纵然月球灾难说广为人知，且动力主义者正努力寻找其成因，但必须留意的是此学说仍然备受争议。目前主要有两个争议：一是撞击年代的聚集可能是因从单一盆地采样的结果；二是缺乏老于41亿年前的陨击熔岩是因该样板已经灰化或它们的年代已重置。

　　第一个争议涉及从阿波罗计划降落位点采集的陨击熔岩的源头。虽然这些陨击熔岩普遍被认为是来自最近的盆地，但仍有争议认为大部分是来自雨海盆地。雨海盆地是最年轻及最大的多环盆地，位于月球近中央部分。量化模型显示大量的喷出物都会在阿波罗计划降落位点出现。根据这样的假说，陨击熔岩年代聚集在39亿年前只反映其样板都是采集自同一撞击雨海的年代，而非多个。

　　第二个争议针对缺乏超过41亿年前的陨击熔岩。其中一个假说指出一个较老的陨击熔岩实际是存在的，但因在过往的40亿年间不断受撞击的影响，其年龄已经被重置，而不涉及什么灾难。再者，这些想象的样板有可能已经灰化得很细小，不能通过一般的放射性测定年代法来确定年代。

1.3.2　地球上的生命

　　现在，被科学界普遍公认的关于生命起源的假说是"化学起源说"，这一假说认为，约38亿年前，地球上的生命是在地球温度逐步下降以后，在极其漫长的时间内，由非生命物质经过极其复杂的化学过程，一步一步地演变而成的。那么，地球上的生命到底是怎样产生的呢？

导图

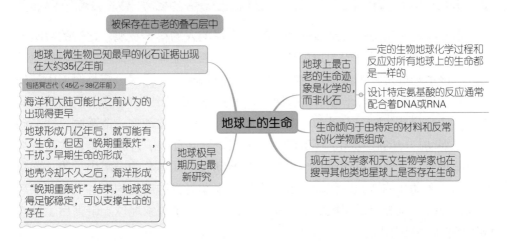

1.3.3　寒武纪生命大爆发

大约5亿4200万年前到5亿3000万年前，在地质学上称为寒武纪的开始，绝大多数无脊椎动物在这1000多万年时间内出现了。这种几乎是"同时"地、"突然"地在1000多万年时间内出现在寒武纪地层中的门类众多的无脊椎动物化石（节肢动物、软体动物、腕足动物和环节动物等），而在寒武纪之前更为古老的地层中长期以来却找不到动物化石的现象，被古生物学家称为"寒武纪生命大爆发"，简称"寒武爆发"，这也是显生宙的开始。

导图

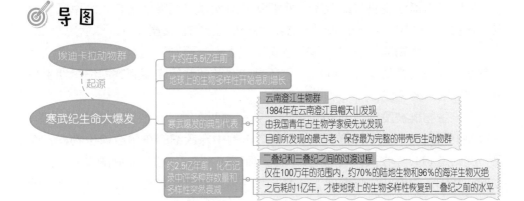

人物小史与趣事

★寒武纪生命大爆发的代表——云南澄江生物群

寒武爆发的典型代表是被称为"20世纪最惊人的科学发现"之一的我国云南澄江生物群，它是世界上目前所发现的最古老且保存最为完整的带壳后生动物群。该生物群是我国青年古生物学家侯先光1984年在云南澄江县帽天山首先发现的。这是一个内容十分丰富、保存非常完美、距今约5.7亿年的化石群，其成员包括水母状生物、三叶虫、具附肢的非三叶的节肢动物、金臂虫、蠕形动物、海绵动物、内肛动物、环节动物、无铰纲腕足动物、开腔骨类、软舌螺类以及藻类等，甚至还有低等脊索动物或半索动物（如著名的云南虫）等。该生物群的许多动物的软组织保存完好，为研究早期无脊椎动物的形态结构、生活方式、生态环境等提供了极好的材料，同时也成为了探索地球上带壳后生动物爆发事件的重要窗口。

知识链接

化石群

化石群是指保存为化石的部分埋藏群。埋藏群并非全部都能转变为化石，其中没有硬体或硬体不坚固的生物及幼虫等常被破坏而无法形成化石，故仅有部分的埋藏群经石化作用成为化石群。

我国云南澄江生物群的发现，使得我们对前寒武纪晚期到寒武纪早期生命的进化发展有了较为清晰的认识。它在生物进化上的意义至少可以概括为两点：

首先，该生物群的发现，再次证实了"生命大爆发"的存在，并成为"寒武爆发"理论的重要支柱。同时，它还是联系前寒武纪晚期到寒武纪早期生命进化过程的重要环节。

在该生物群被发现前的20世纪内，就有过两次激动人心的古生物学发现：一次是1910年在北美发现的距今约5.3亿年的中寒武纪的布尔吉斯生物群，而另一次则是1947年在澳大利亚南部发现的距今6.8亿～6亿年之间的埃迪卡拉生物群。我国云南澄江生物群成了联系布尔吉斯生物群和埃迪卡拉生物群之间的重要环节，随着对澄江生物群研究的深入，埃迪卡拉、澄江、布尔吉斯3个生物群之间的演化关系会更加清楚。

其次，澄江生物群的发现为"间断平衡"理论提供了新的事实依据，并对达尔文的进化论再次造成冲击。"间断平衡"理论认为，生物的进化并不像达尔文及新达尔文主义者所强调的那样是一个缓慢的连续渐变积累过程，而是长期的稳定（甚至不变）与短暂的剧变交替的过程，从而在地质记录中留下许多空缺。澄江生物群的发现说明生物的进化并非总是渐进的，而是渐进与跃进并存的过程。

1.3.4 杀死恐龙的撞击

恐龙是生活在大约2亿3500万年前至6500万年前、部分能以后肢支撑身体直立行走的一类动物，支配全球陆地生态系统长达1亿7000万年之久。恐龙最早出现在约2亿4000万年前的三叠纪，灭亡于约6500万年前的白垩纪所发生的中生代末白垩纪生物大灭绝事件。那么，像恐龙这样一个庞大的、占统治地位的种族，为什么会突然之间从地球上消失呢？

导图

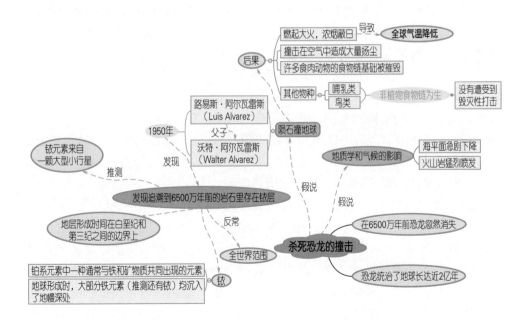

人物小史与趣事

★恐龙灭绝之谜

在两亿多年前的中生代，许多爬行动物在陆地上生活，因此中生代又被称为"爬行动物时代"。恐龙是所有陆生爬行动物中体格最大的一类，它们很适于生活在沼泽地带和浅水湖里，那时的空气温暖而潮湿，食物也很容易找到。因此，恐龙在地球上统治了一亿多年的时间，但是不知道什么原因，它们在6500万年前很短的一段时间内突然灭绝了，今天人们看到的只是那时留下的大批恐龙化石罢了。

中生代

中生代是显生宙的三个地质时代之一，可分为三叠纪、侏罗纪和白垩纪三个纪。中生代介于古生代与新生代之间。由于这段时期的优势动物是爬行动物，尤其是恐龙，因此又称为"爬行动物时代"。中生代的年代为2.51亿年前至6600万年前，开始于二叠纪-三叠纪灭绝事件，结束于白垩纪-第三纪灭绝事件，前后横跨1.8亿年。

来自中国的古生物学家和物理学家黎阳，于2009年在耶鲁大学发表的论文引起了国际古生物学界的轰动，他和他的中国团队在6534.83万年前形成的希克苏鲁伯陨石坑K-T线地层中发现了高浓度的元素铱，其含量超过正常含量232倍。如此高浓度的铱只有在太空中的陨石中才可能找到，地球本身是不可能存在的。根据墨西哥湾周围铱元素的含量精确测定，当时是一颗类似小行星的天体撞击了地球中美洲地区，撞破了地壳，导致地球内部岩浆汹涌喷出，造成了超级火山爆发。从古玛拉岩石中测出这次爆发的威力远远高于黄石超级火山最大的能量（普通火山口的直径也就是几百米，而这次被撞击出的口子直径超过148千米），整个地球被浓浓的火山灰和毒气所覆盖，地球上的生物由于长时间见不到阳光和月光，植物无法进行光合作用，大气层氧气含量极低。综合这些因素造成了此次生物的大灭绝。以前学术界都是将"外来天体撞击说"和"火

山喷发说"分开讨论的，但这两个假说都有相当大的缺陷：光是外来天体的撞击不足以影响那么严重，时间那么久，范围那么远（全球性的）；而地球上的火山活动本身就很多很剧烈，但都不足以引起如此大的生物灭绝（包括黄石超级火山在内）。而中国学者黎阳所提供的论证方向和证据完美地解答了国际古生物界的长期疑问，两者的结合才可能造成如此严重的地球生物大灭绝。

如果按照单独的事件来定论恐龙灭绝的原因，并不能充分说明动植物在体型结构上的共同进化特征。这一共同的进化特征并不局限于某一地域，这就充分说明了共同进化特征只能是来源于地球引力的加重，才导致了环境重力对于动植物的限制约束。

1.3.5　亚利桑那撞击

美国亚利桑那州在约5万年前曾受到陨石撞击造成直径0.74英里（约1.2千米）的陨石坑。那么，这次撞击究竟是怎么回事呢?

导图

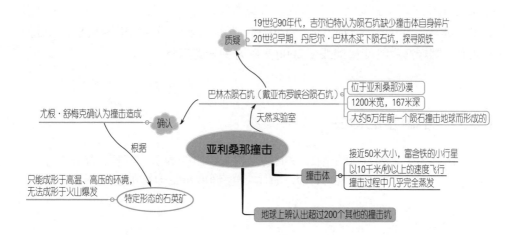

人物小史与趣事

★亚利桑那陨石坑

亚利桑那陨石坑又叫巴林杰陨石坑，是亚利桑那沙漠中一个直径1.2千米、深167米的巨大陨石坑，是大约5万年前一块陨石撞击地球而形成的。那块陨石的主要成分是铁，宽可达几十米。美国亚利桑那州巨型陨石坑一直以来都是科学界的谜团，这个陨石坑位于美国亚利桑那州的弗拉格斯塔夫附近，这里也是科学家研究陨石碰撞最热门的地区。

亚利桑那大学杰伊·米劳施和伦敦帝国理工学院加雷思·柯林斯两位行星科学家在《自然》杂志上发表研究文章，他们认为5万年前撞击美国亚利桑那州的陨石仅仅是一个大型陨石的碎块。通过科学计算得出，陨石以72000千米的时速撞击地面，可以形成一个直径1.2千米、深达167米的陨石坑。但如果是以如此快的速度撞击地面，应该释放出大量热能，陨石本身富含铁矿物质，碰撞产生的高温会使它们瞬间熔化，但在当地从未发现过有熔化铁矿石的遗迹。

新的研究解释，未发现熔化铁矿痕迹是因为这块陨石只不过是一个直径42米的巨型陨石脱落的最大碎块。进入地球大气层后，这块巨型陨石在海拔大约14千米的位置破碎，气压本身对于陨石起到缓冲的作用，并引起陨石的破碎。最后撞击地球的陨石直径约为20米，撞击释放出的能量相当于250万吨TNT炸药爆炸产生的能量，或者至少是150颗广岛原子弹爆炸产生的能量，释放的能量进入大气层，可以引发巨大震荡波。人类所知最近的一次巨型陨石撞击地球发生在1908年，当时一个直径估计为50米的陨石在俄罗斯通古斯附近8千米处撞击地面，爆炸产生的能量摧毁了2000多平方千米的森林。

1.3.6　宇宙学的诞生

宇宙学诞生于约5000年前，它指的是研究宇宙的本质、起源、演化的学问。现代宇宙学认为，宇宙不存在中心，大量的星球遍布宇宙各个角落。

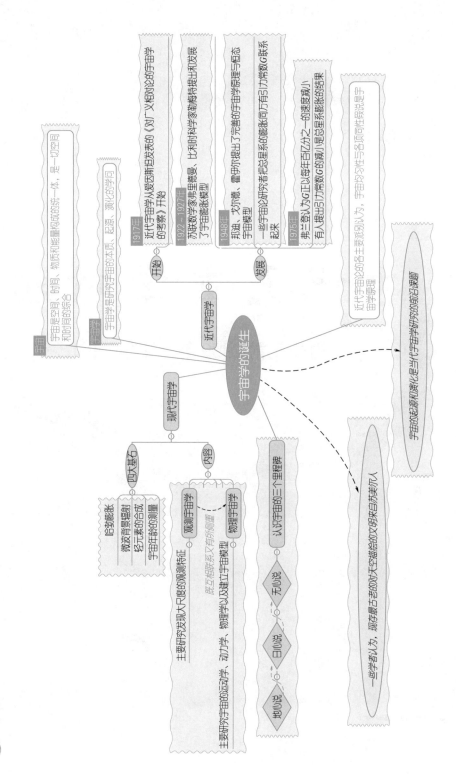

图导

宇宙学的诞生

宇宙　宇宙是空间、时间、物质和能量构成的统一体，是一切空间和时间的综合

宇宙学　宇宙学是研究宇宙的本质、起源、演化的学问

近代宇宙学

开始
- 1917年　近代宇宙学从爱因斯坦发表的《对广义相对论的宇宙学的考察》开始
- 1922—1927年　苏联数学家弗里德曼、比利时科学家勒梅特提出和发展了宇宙膨胀模型

发展
- 1948年　邦迪、戈尔德、霍伊尔提出了完善的宇宙膨胀理与恒态宇宙模型
- 一些宇宙论研究者把总星系间万有引力常数G联系起来
- 1975年　弗兰登认为G正以每年百亿分之一的速度减小
- 有人提出引力常数G的减小是总星系膨胀的结果

近代宇宙论的各主要流派都认为，宇宙均匀性与各向同性假说就是宇宙学原理

宇宙的起源和演化是当代宇宙学研究的前沿课题

现代宇宙学

四大基石
- 哈勃膨胀
- 微波背景辐射
- 轻元素的合成
- 宇宙年龄的测量

主要研究发现大尺度的观测特征

内容
- 观测宇宙学　主要研究宇宙的运动学、动力学、物理学以及建立宇宙模型
- 物理宇宙学　既互相联系又有所侧重

认识宇宙的三个里程碑
- 地心说
- 日心说
- 无心说

一些学者认为，那将是最古老的天空猫盗的文明来自外星人

2

古代天文学时期

（约公元前2999年～1299年）

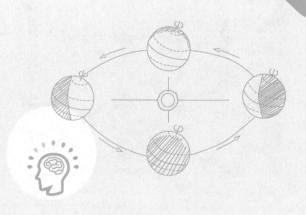

古代天文学时期（约公元前2999年～1299年）主要包括古埃及天文学、古希腊天文学、古阿拉伯天文学以及中国古代天文学。其中古希腊天文学是指古典时期用希腊语记录的天文学，涵盖古典希腊时期、希腊化时期、希腊罗马时期、古典时代晚期等时期的天文学。

导图

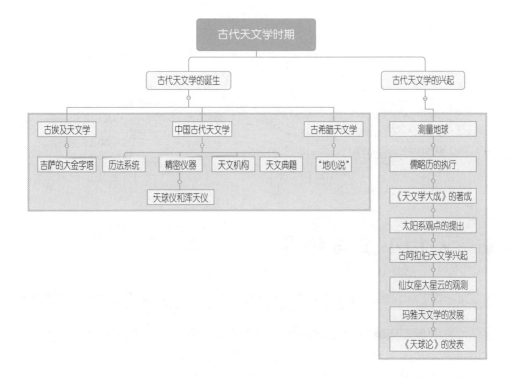

2.1 古代天文学的诞生

2.1.1 古埃及天文学

古埃及天文学始于约公元前2500年。古埃及对于数学、医学和天文学的重要贡献，都产生在古埃及第三王朝到第六王朝时期（约公元前27世纪至公元前

22世纪）。闻名世界的金字塔也是这一时期建造的。据近代测量，最大的金字塔底座的南北方向非常准确，当时在没有罗盘的条件下，必然是用天文方法测量的。

导图

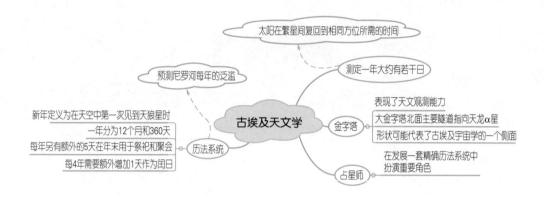

太阳在繁星间复回到相同方位所需的时间

预测尼罗河每年的泛滥

测定一年大约有若干日

古埃及天文学

表现了天文观测能力
大金字塔北面主要隧道指向天龙α星
形状可能代表了古埃及宇宙学的一个侧面

金字塔

新年定义为在天空中第一次见到天狼星时
一年分为12个月和360天
每年另有额外的5天在年末用于祭祀和聚会
每4年需要额外增加1天作为闰日

历法系统

占星师

在发展一套精确历法系统中
扮演重要角色

人物小史与趣事

★埃及金字塔

埃及的尼罗河畔耸立着4800年前建造的金字塔，它是古代建筑的奇迹。金字塔是古埃及国王为自己修建的陵墓。埃及共发现金字塔近80座，最大的三个位于开罗郊区吉萨，它们分别是胡夫、卡夫拉和曼考拉三大金字塔。

矗立在开罗西郊的胡夫金字塔建于古王朝第四王朝，以其雄伟的姿态被列入"古代世界十大奇观"。胡夫金字塔动用10万之众，花了30年时间才建成。塔身以230多万块平均重约2.5吨的巨石砌成，每块石头都经过精工磨制，堆叠后缝隙严密，连小刀也插不进去。胡夫金字塔高146.5米，底边长240米，四个底边之差不超过20厘米。

在胡夫金字塔中隐藏着许多奥秘。金字塔塔高乘上10亿，恰好是地球到太阳的距离，即149504000千米；塔高乘以周长，再除以塔底面积，正好等于圆周率。尤为奇异的是，穿过塔的子午线，刚好把地球上的陆地和海洋分成两半；塔高的重心恰好坐落于大陆引力中心。

圆周率

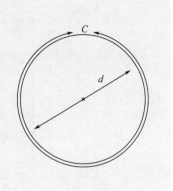

　　圆周率是圆的周长与直径的比值，一般用希腊字母 π 表示，是一个常数（约等于3.141592654），是代表圆周长（C）和直径（d）的比值，即 $\pi = \dfrac{C}{d}$。

　　在建造金字塔时，古埃及人运用了很多技术。首先在测量学和数学上，古埃及人已能利用几何和三角的知识，估计已对圆周率作过计算；在机械上，已经能用轮子来制造各种轮盘（如车轮等），以减小与地面的接触面积；另外，也已能制作斜面、滑轮等省力的机械装置，使巨大石块得以运输和堆积。古埃及人为了开采整块的石头，充分利用了物质胀缩的规律：冬季，白天在将要开采的大石头上按照需要大小打洞，然后灌上水，过了一夜水结成冰后体积膨胀而起下石头；夏天，他们巧妙地用芦花塞进打好的洞眼里，然后灌水，让芦花的体积膨胀，同样可起下大石头。起下的大石块，用大船进行运输。据考察，古埃及人已能造出船身长30米、宽6米的船只，每边船舷用25把桨来划行，大船上共有200名船员。据说，当时有几百艘这样大的船来搬运石块和其他建筑材料。

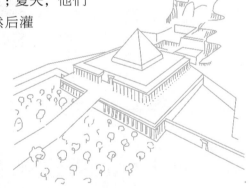

2.1.2　中国古代天文学

（1）中国古代天文学概述

　　中国古代天文学的发源大约在公元前2100年，与之前和之后的其他古代文明一样，中国古代致力于研究日月星辰的周期运动，并发明了一系列天文仪器。

导图

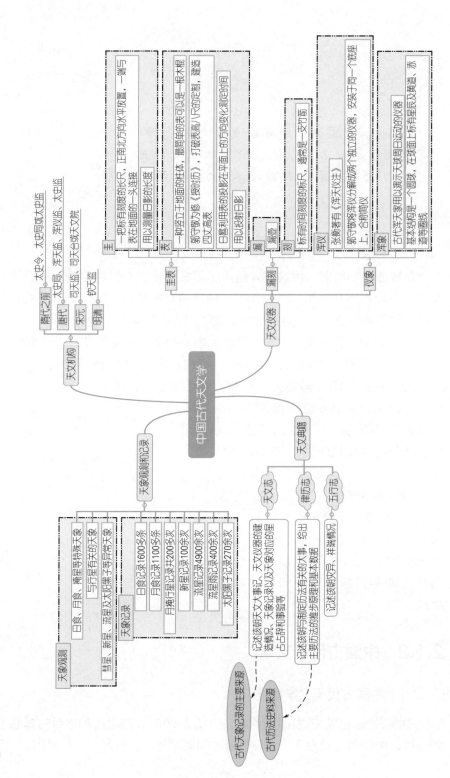

中国古代天文学

天文机构
- 隋代之前：太史令、太史局或太史监
- 唐代：太史局、浑天监、浑仪监、太史监
- 宋元：司天监、司天台或太史院
- 明清：钦天监

天文仪器

主表
- 主：一把标有刻度的长尺，正南北方向水平放置，一端写表在地面的一头连接——用以测量日影的长度
- 表：一种竖立于地面的柱体，最简单的表可以是一根木棍——郭守敬为修《授时历》，打破表高八尺的定制，建造四丈高表——日晷利用表的投影在平面上的方向变化测定时间——用以投射日影

漏刻
- 漏壶
- 刻：标有时间刻度的标尺，通常是一支竹简

浑仪
- 张衡著有《浑天仪注》
- 郭守敬将浑仪分解成两个独立的仪器，安装于同一个底座上，合称简仪

浑象
- 古代天象用以演示天球周日运动的仪器——基本结构是一个圆球，在球面上标有星辰及黄道、赤道等圈线

天象观测和记录

天象观测
- 天象：日食、月食、掩星等特殊天象——与行星有关的天象——流星及太阳黑子等异常天象
- 天体：彗星、新星、流星及太阳黑子等

天象记录
- 日食记录1600多条
- 月食记录1100多条
- 月掩行星记录200多次
- 新星记录1000次
- 流星记录49000余次
- 流星雨记录400余次
- 太阳黑子记录2700余次

天文典籍

天文志
- 记述该朝天文大事记、天文仪器的建造情况、天象记录以及天象对应的星占占辞和事验等

律历志
- 记述该朝制定历法所有有关的大事，绘出主要历法的推步根据和基本数据

五行志
- 记述该朝灾异、祥瑞情况

古代天象记录的主要来源

古代历法史料来源

（2）中国古代历法系统

中国古代每个朝代都征募天文学家开发他们自己的基于日月运动的详尽历法系统。

导图

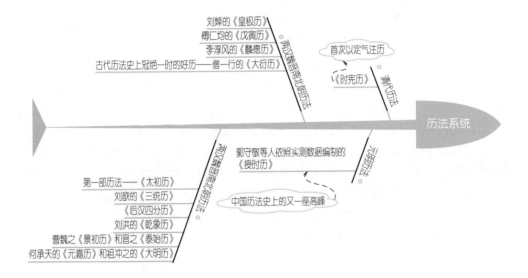

人物小史与趣事

祖冲之（429—500），我国南北朝时期杰出的数学家、科学家。

祖冲之生于刘宋文帝元嘉六年，卒于萧齐昏侯永元二年。其主要贡献包括数学、天文历法和机械等方面，为中国乃至世界文明的进步做出了卓越的贡献。

祖冲之创制了《大明历》，最早将岁差引进历法；他采用了391年加144个闰月的新闰周；而且首次精密测出交点月日数（27.21223），回归年日数（365.2428）等数据；他还发明了用圭表测量冬至前后若干天的正午太阳影长以定冬至时刻的方法。

祖冲之在天文历法方面的成就，大都包含在他所编制的《大明历》及为大明历所写的驳议当中。

★大明历

我国历朝历代都有研究天文的官，并且根据研究天文的结果来制定历法。到了南北朝时，历法已经有很大进步，但是祖冲之认为还是不够精确。他根据自己长期观察的结果，创制出一部新的历法，称为"大明历"。这种历法测定的每一回归年（也就是两年冬至点之间的时间）的天数，与现代科学测定的只相差50秒；测定月亮环行一周的天数，与现代科学测定的相差不到1秒，可见它的精确程度之高。公元462年，祖冲之请求宋孝武帝颁布新历，孝武帝召集大臣商议。那时，有一个皇帝宠信的大臣戴法兴站出来反对，认为祖冲之擅自改变古历，是离经叛道的行为。祖冲之当场就用他研究的数据回驳了戴法兴。但是，戴法兴依仗皇帝宠信他，蛮横地说："历法是古人制定的，后代的人不应该改动。"祖冲之严肃地说："你如果有事实根据，就只管拿出来辩论，不要拿空话吓唬人嘛。"宋孝武帝想帮助戴法兴，便找了一些懂得历法的人跟祖冲之辩论，但他们也一个个被祖冲之驳倒了。但是，宋孝武帝还是不肯颁布新历。直到祖冲之去世十年之后，他创制的大明历才得到推行。

★计时器及欹器

作为天文历法科学家的祖冲之，其研究的范围很广，他也对计时器进行了研究。他制造过计时器——漏壶。

祖冲之从青年时代开始，就用大量时间从事天文观测。他观测所使用的仪器，除了铜表之外，还有计时器——漏壶。只有时间比较准确，观测所得到的结果才会可靠。因此，祖冲之对传统的计时器漏壶进行了研究，并且有所改进。

漏壶计时的原理是这样的：上面有一个底部有小孔的斗，里面盛满水；下面有一个桶，其中立一个很轻的浮标，上面设有刻度（古时将一昼夜分为一百刻，因此浮标上的刻度也就有一百个）；用一根很细的管将斗底部的小孔与桶连接，使得斗里的水一滴一滴地流到桶中；由于桶中的水不断增加，水面增高，浮标也随之上升，因此根据浮标上的刻度就能够知道时间。

浮标上的一百刻又按照十二个时辰划分成几段，用段的分界点代表一些特殊时间。对于特殊时间的安排，历代漏刻是有所不同的。祖冲之对此做了重新安排，使之更加符合人们的作息规律，便于对时间的安排。

祖冲之还制作过欹器。"欹"，就是倾斜的意思，"欹器"，就是指自由状态下放置时呈倾斜状态的器皿。早在五千年以前，陶器已经普遍使用，在出土文物中有一种尖底陶罐，它底尖、口小、中间大肚，腹部有两耳。不盛水时，成倾斜状；水不太满时，就直立；水满了，就自动倾斜，将水倒出一些，继续保持直立状态。这是根据重心原理制造的。用它去提水，当水快满的时候，水罐就会自动直立，便于人们提水。

齐武帝的儿子竟陵王萧子良十分喜好古玩，但是找不到欹器的实物。祖冲之就造了一件欹器送给他，并且希望他能够记住欹器所具有的特殊含意。而在祖冲之之前两百多年间，从来没有人成功地制出过欹器。

郭守敬（1231—1316），字若思，汉族，邢州龙岗（今河北省邢台）人，元朝著名的天文学家、数学家、水利专家及仪器制造专家。

郭守敬

郭守敬曾担任都水监，负责修治元大都至通州的运河。1276年郭守敬修订新历法，经过4年时间制定出《授时历》，通行360多年，是当时世界上最为先进的一种历法。1981年，为纪念郭守敬诞辰750周年，国际天文学会以他的名字为月球上的一座环形山命名。

郭守敬编撰的天文历法著作包括《推步》《立成》《历议拟稿》《仪象法式》《上中下三历注式》和《修历源流》等14种，共105卷。

郭守敬为修历而设计和监制的新仪器包括：简仪、高表、候极仪、浑天仪、玲珑仪、仰仪、立运仪、证理仪、景符、窥几、日月食仪以及星晷定时仪12种

（史书记载称13种，有的研究者认为末一种或为星晷与定时仪两种）。

★巧制天文仪

　　1276年，元军攻下了南宋的首都临安，元世祖迁都大都，决定改订旧历，颁行元朝自己的历法。于是，元政府下令在新的京城里组织历局，调动了全国各地的天文学者，另修新历。

　　这件工作名义上以张文谦为首脑，但实际负责历局事务和具体编算工作的是精通天文、数学的王恂。当时，王恂便想到了老同学郭守敬。郭守敬就是由于王恂的推荐才参加修历、奉命制造仪器、进行实际观测的。郭守敬首先检查了大都城里天文台的仪器装备，这些仪器均是金朝的遗物。其中浑仪还是北宋时代的，是当年金兵攻破北宋的京城汴京（今河南开封）之后，从那里搬运到燕京来的。当初，大概一共搬来了3架浑仪，因为汴京的纬度和燕京相差4度多，所以无法直接使用。金朝的天文官曾经改装了其中的一架，但这架改装的仪器在元初也已经毁坏了。郭守敬就将余下的另一架加以改造，暂时使用。另外，天文台所用的圭表也因年深日久而变得歪斜，郭守敬立即着手修理，将其扶置到准确的位置。可这些仪器终究是太古老了，虽经修整，但在天文观测日益精密的要求下，仍然显得不相适应。郭守敬不得不创制一套更精密的仪器，为改历工作奠定坚实的技术基础。

　　古代在历法制定工作中所要求的天文观测主要分为两类：一类是测定二十四节气，特别是冬至和夏至的确切时刻，用的仪器是圭表；另一类是测定天体在天球上的位置，应用的主要工具是浑仪。圭表这种仪器看起来极简单，

用起来却会遇到几个重大的难题。

首先是表影边缘并不清晰。阴影越靠近边缘越淡，到底什么地方才是影子的尽头，这条界线很难划分清楚。影子的边界不清，影长就量不准确。其次是测量影长的技术不够精密。古代量长度的尺通常只能量到分，往下可以估计到厘，即十分之一分。按照传统方法，测定冬至时表影的长，若量错一分，就足以使按照比例推算出来的冬至时刻有一个或半个时辰的出入，这是很大的误差。还有，旧圭表只能观测日影，星、月的光弱，旧圭表就无法观测星影和月影。怎么办呢？郭守敬首先分析了造成误差的原因，然后针对各个原因，找出解决办法。

首先，他将圭表的表竿加高到5倍，因此观测时的表影也加长到5倍。表影加长了，按照比例推算各个节气时刻的误差就可以大大减小。

其次，他创造了一个叫作景符的仪器，使照在圭表上的日光通过一个小孔，再射到圭面，那阴影的边缘就很清楚，可量取准确的影长。

再次，他还创造了一个叫作窥几的仪器，使圭表在星和月的光照下也可进行观测。

另外，他还改进量取长度的技术，使原来只能够直接量到"分"位的提高到能够直接量到"厘"位，原来只能够估计到"厘"位的提高到能够估计到"毫"位。

郭守敬的圭表改进工作大概于1277年夏天完成，这年冬天已经开始用它来测日影。由于观测的急需，最初的高表柱是木制的，后来才改用金属铸成。可惜这座表早已毁坏，我们已经无法看到了。

圭表的改进只是郭守敬开始天文工作的第一步，之后他还有更多的创造发明。郭守敬改进浑仪的主要想法是简化结构。他准备将这些重重套装的圆环省去一些，以免互相掩蔽，阻碍观测。那时候，数学中已发明了球面三角法的计算，有些星体运行位置的度数可由数学计算求得，不必在这浑仪中装上圆环进行直接观测。这样，就使得郭守敬在浑仪中省去一些圆环的想法有实现的可能。郭守敬只保留了浑仪中最主要最必需的两个圆环系统，将其中的一组圆环系统分出来，改成另一个独立的仪器。并将其他系统的圆环全部取消。这样就从根本上改变了浑仪的结构。再将原来罩在外面作为固定支架用的那些圆环全都撤除，用一对弯拱形的柱子和另外四条柱子承托着留在这个仪器上的一套主要圆环系统。这样，圆环四面凌空、一无遮拦了。这种结构，比起原来的浑仪来，真是既实用又简单，因此取名"简仪"。简仪的这种结构，同现代称为"天图式望远镜"的构造基本上是一致的。

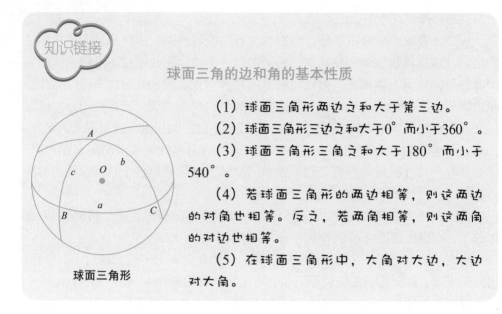

球面三角的边和角的基本性质

（1）球面三角形两边之和大于第三边。

（2）球面三角形三边之和大于0°而小于360°。

（3）球面三角形三角之和大于180°而小于540°。

（4）若球面三角形的两边相等，则这两边的对角也相等。反之，若两角相等，则这两角的对边也相等。

（5）在球面三角形中，大角对大边，大边对大角。

球面三角形

郭守敬利用这架简仪做了许多精密观测，其中的两项观测对新历的编算具有重大的意义：一项是黄道和赤道的交角的测定；另一项是二十八宿距度的测定。

2.1.3　古希腊地心说

约公元前400年，地心说最初由米利都学派形成初步理念，后由古希腊学者欧多克斯提出，然后经亚里士多德、托勒密进一步发展而逐渐建立和完善起来。柏拉图和亚里士多德建立了现代西方哲学和科学（包括物理学和天文学）的根基。

导图

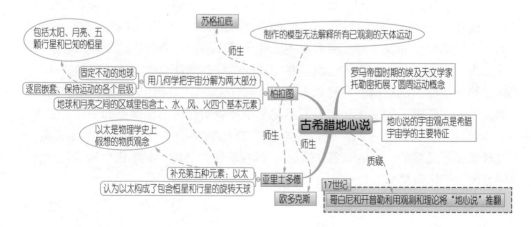

人物小史与趣事

亚里士多德（约公元前384—公元前322），古希腊人，世界古代史上伟大的哲学家、科学家和教育家之一，堪称希腊哲学的集大成者。他是柏拉图的学生，马其顿国王亚历山大大帝的老师。公元前335年，他在雅典创办了一所叫吕克昂的学园，被称为"逍遥学派"。

亚里士多德

马克思曾称亚里士多德是古希腊哲学家中最博学的人物，恩格斯称他是"古代的黑格尔"。亚里士多德在哲学、政治学、美学、教育学、逻辑学、生物学、生理学、医学、天文学、化学、物理学等方面均有卓越贡献。他的著作丰富，体系庞大，堪称古代的百科全书。

亚里士多德奠定了后世各学科的基础，他的出现标志着古希腊文明的空前繁荣。

★亚里士多德的研究

亚里士多德研究的范围十分广泛，在自然科学方面，他对动物学与生物学的研究最为出色。

有一次，亚里士多德将同一天下的二十几个鸡蛋放到母鸡身下去孵化。每天，他从孵蛋的母鸡身下拿出一个鸡蛋，将它敲开，并记录下观察到的情况。这样，一天天加起来，他就有了一套从鸡蛋到雏鸡的发展变化的完整记录。

后来，亚里士多德开办了一个学园——吕克昂学园。他讲课很生动、精彩。他不习惯于坐下来讲课，总是喜欢在课堂的廊柱间走来走去。有一次上哲学课，他讲到"主体"这个概念，看了看课堂上的一切，桌子、椅子、墙壁……这些都被他举例子举遍了，他一挥手，对他的学生们说："走，我们到校园里去。"于是，他的学生跟随他到了校园的林荫路上。亚里士多德指着一棵树说："这棵梧桐树的叶子就是梧桐叶子这个概念的主体。""它是绿色的，但是这个绿色离了这叶子就不存在了，可是，叶子离了绿色还是存在的，比如到了冬天叶子变黄了。"亚里士多德又指了指周围的一些树，说："这些松树、槐树、杨树的叶子也是绿的，我们是先看到这一个个的绿叶子的颜色，才把这些颜色统统归结为绿色，这些叶子都是实实在在的本体。我讲明白了吗？好，现在你们再找一些例子讲讲。"学生们立刻到树林中、花丛中找到了他们所要的东西——各

种颜色的花，他们通过分类弄懂了亚里士多德所提出的问题。亚里士多德很高兴地说："看来到外面上课收获更大，以后我们常来吧！"吕克昂学园是一个开放的教学园地，亚里士多德经常带领他的学生们在林荫道上边散步边上课。因此，他的学派得名"逍遥学派"。

★沮丧的妒忌者

亚里士多德在雅典吕克昂学园从事教学、研究、著述期间，常与学生们一道探讨人生的真谛。

某天一位学生问他："先生，请告诉我，为什么心怀嫉妒的人总是心情沮丧呢？"

亚里士多德回答："那是因为折磨他的不仅有他自身的挫折，还有别人的成功。"

▶ 欧多克斯

欧多克斯（Eudoxus，约公元前410—公元前356），古希腊的天文学家和数学家。他作为柏拉图的另一个学生，首先尝试去解答柏拉图完美原则指导下的天文课题。欧多克斯是证明一年不是整365天而是365天又6小时的第一个希腊人。

★试图修改柏拉图理论的天文学家

欧多克斯接受了柏拉图关于行星必须在正圆轨道上运行的观点。但是他在观察了行星运动之后不得不承认，行星的实际运动并非正圆轨道上的匀速运动。为了当时所谓的给老师柏拉图"顾全面子"，他是第一个试图修改柏拉图理论使之适合观察到的实际情况的人。

欧多克斯认为，行星同其所绕转动的中心球体组成的系统同时绕着第三球体转动（如月绕地转动，地月系统绕日转动，但当时认为日绕地，其他星体绕日），而以此类推，每个球体的转动是匀速的，但各球体的转速以及第一球体的轨道球面两极与其相邻级别轨道球面两极的倾斜度总和确定行星的全部运动，而这个运动就是实际观察到的不规则运动。欧多克斯就是这样用球体多级依次公转，以完美的规则性得出观察到的不规则的不完美性。

2.1.4　西方占星术

西方占星术始于古代美索不达米亚的星兆学说，约公元前400年，经过希腊、罗马人的改造，逐渐演变为一种以占卜个人命运为主并得以广泛流行的迷信活动，直至近代渐次衰落。

导图

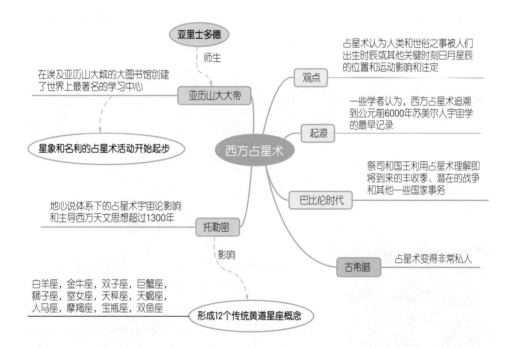

2.1.5　日心说的宇宙

日心说，也称为地动说，是关于天体运动的和地心说相对立的学说，它认为太阳是宇宙的中心，而不是地球，这个学说始于约公元前280年。哥白尼提出的日心说，有力地打破了长期以来居于宗教统治地位的地心说，实现了天文学的根本变革。

导图

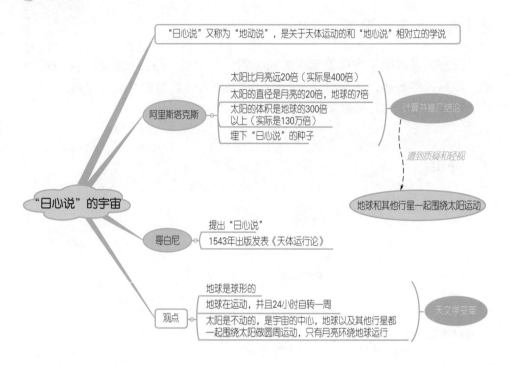

"日心说"又称为"地动说"，是关于天体运动的和"地心说"相对立的学说

阿里斯塔克斯
- 太阳比月亮远20倍（实际是400倍）
- 太阳的直径是月亮的20倍，地球的7倍
- 太阳的体积是地球的300倍以上（实际是130万倍）
- 埋下"日心说"的种子

计算并推广结论

遭到质疑和轻视

地球和其他行星一起围绕太阳运动

"日心说"的宇宙

哥白尼
- 提出"日心说"
- 1543年出版发表《天体运行论》

观点
- 地球是球形的
- 地球在运动，并且24小时自转一周
- 太阳是不动的，是宇宙的中心，地球以及其他行星都一起围绕太阳做圆周运动，只有月亮环绕地球运行

天文学变革

人物小史与趣事

阿里斯塔克斯

阿里斯塔克斯（约公元前310—约公元前230），古希腊时期最伟大的天文学家、数学家。

阿里斯塔克斯是人类史上有记载的首位提倡日心说的天文学者，他将太阳而不是地球放置在整个已知宇宙的中心。他的观点并未被当时的人们理解，并被掩盖在亚里士多德和托勒密的才华光芒之下，直到大约公元1525年以后（经过了大约1785年的时间），哥白尼才很好地发展和完善了阿里斯塔克斯的宇宙观和理论。

★月球大小

公元前240年左右，阿里斯塔克斯观察月食时发现地球遮挡住月亮，推测出地球的直径大约为月球的2.5倍，然而他转念又想到，当月球运动到圆满时，在地球上所见光线基本上就是一个点，说明月球在经过太阳的光照射后，经过遥远的距离已经缩小了一半，因此，他估算出地球直径为月球的3.5倍，这个数字与现代测量得出的结果相差不超过5%。当时由于对宇宙知识的欠缺，他并不确信这个方法，直到17个世纪之后，人们才普遍接受了他的发现。

★阿里斯塔克斯陨石坑

阿里斯塔克斯陨石坑是一个显著的月球表面的撞击坑，它位于月球朝地一面的西北部。它的反照率接近月表其他地形特征的两倍，在大型望远镜下的反射光强度更是令人眼花，被认为是月球表面最显眼的大型地表标志之一。即使当月球大部分表面处于地照之中时，阿里斯塔克斯陨石坑也能够毫无困难地被辨认出来。

反照率

反照率是行星物理学中用来表示天体反射能力的物理量，它的定义是天体表面全部被照明的部分向各个方向散射的光流 ϕ 与入射到该天体表面的光流 ϕ_0 之比：A（邦德反照率）$=\phi/\phi_0$。

阿里斯塔克斯陨石坑参数

参数名称	参数数值
经度	23.7度N
纬度	47.4度W
直径	40千米
深度	3.7千米
月面坐标	日出时48度

阿里斯塔克斯陨石坑位于阿里斯塔克斯高原的东南方，附近拥有为数不少的火山活动地征，如蜿蜒的月溪。这一带也是月球暂现现象时常发生的地方，且曾经被月球探勘者号探测到有氡气排散的迹象。阿里斯塔克斯陨石坑得名于古希腊的天文学家阿里斯塔克斯，起名者为意大利天文学家乔万尼·巴特斯达·里奇奥利。他在1651年出版的《新天文学大成》中使用天文学家和哲学家

的名字为用望远镜观测到的月表特征命名。尽管这个名字在天文学研究中被广泛采用，但直到1935年才在国际天文联合会全体会议中成为正式名称。

2.2 古代天文学的兴起

2.2.1 埃拉托斯特尼测量地球

约公元前250年，古希腊学者埃拉托斯特尼第一次用测量的方法推算出了地球的大小。

导图

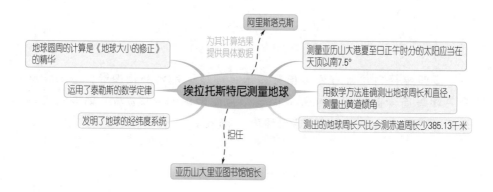

埃拉托斯特尼测量地球

- 地球圆周的计算是《地球大小的修正》的精华
- 运用了泰勒斯的数学定律
- 发明了地球的经纬度系统

为其计算结果提供具体数据 —— 阿里斯塔克斯

- 测量亚历山大港夏至日正午时分的太阳应当在天顶以南7.5°
- 用数学方法准确测出地球周长和直径，测量出黄道倾角
- 测出的地球周长只比今测赤道周长少385.13千米

担任 —— 亚历山大里亚图书馆馆长

埃拉托斯特尼

人物小史与趣事

埃拉托斯特尼（Eratosthenes，约公元前276—公元前194），出生于昔兰尼，即现利比亚的夏哈特，逝世于托勒密王朝的亚历山大港，古希腊的数学家、地理学家、历史学家、诗人、天文学家。埃拉托斯特尼的贡献主要包括设计出经纬度系统，计算出地球的直径。

　　埃拉托斯特尼是世界上最早测量地球周长的人，比中国的僧一行早了近一千年。同时，也是他发明了地球的经纬度系统。

★最早测量地球周长

　　埃拉托斯特尼曾应埃及国王的聘请，任皇家教师，并被任命为亚历山大里亚图书馆的一级研究员，从公元前234年起担任图书馆馆长。当时亚历山大里亚图书馆是最高科学和知识中心，那里收藏了古代各种科学及文学论著。馆长之职在当时是希腊学术界最具权威的职位，通常授予德高望重、众望所归的学者。于是，埃拉托斯特尼充分地利用了他担任亚历山大里亚图书馆馆长职位之便，阅读了大量的地理资料及地图。他的天赋使其能够在利用文献资料的基础上，做出科学的创新。他在地理学方面的杰出贡献，集中地反映在两部代表著作当中——《地球大小的修正》及《地理学概论》。前者论述了地球的形状，并以地球圆周计算而著名。

　　其实，埃拉托斯特尼测量地球周长的方法很简单，完全是几何学的推导。学过圆和角的基本知识的人，均能够看懂他的算式。

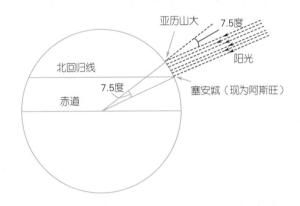

　　埃拉托斯特尼首先假定地球是一个球体，那么，在地球上不同的地方，太阳光线与地平面的夹角是不同的。他通过观测得知，夏至日那天正午，太阳正好位于他居住的亚历山大城天空离天顶（头顶正上方）7.5度处；而这时在亚历山大城以南800千米的塞安城，太阳却正好位于天顶。这表明，在塞安城到亚历山大城800千米的距离上地面弯曲了7.5度。用800千米乘以360度，再除以7.5度，就得到了地球的周长38400千米；从周长推导出的地球半径，与现在的数据只差200千米左右，相对于地球约6400千米的半径，如此小的误差已是一个了不起的成就。他创立了精确测算地球周长的科学方法，其精确程度令世人惊叹。

赤道周长

　　赤道是地球上重力最小的地方，纬度为0度，将地球平均分为两个半球（南半球和北半球）。赤道周长：40075.02千米。

2.2.2　儒略历

　　儒略历是由罗马共和国独裁官儒略·恺撒（即盖乌斯·尤里乌斯·恺撒）采纳数学家兼天文学家索西琴尼的计算后，于公元前45年1月1日起执行的取代旧罗马历法的一种历法。儒略历中，一年被划分为12个月，大小月交替；四年一闰，平年365日，闰年366日（在当年二月底增加一闰日），年平均长度为365.25日。由于实际使用过程中累积的误差随着时间越来越大，1582年教皇格里高利十三世颁布、推行了以儒略历为基础改善而来的格里历，即沿用至今的公历。

导图

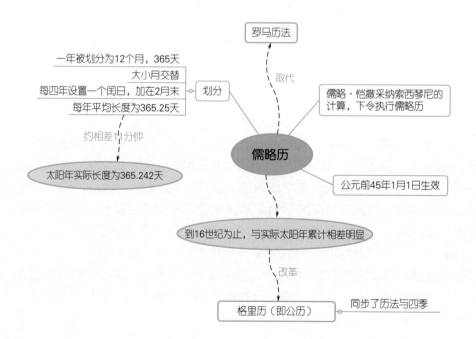

人物小史与趣事

儒略·恺撒

儒略·恺撒（Gaius Julius Caesar，公元前100—公元前44），罗马共和国末期的军事统帅、政治家，儒略家族成员。公元前46年，罗马统帅儒略·恺撒决定以埃及的太阳历为蓝本，重新编制历法，儒略·恺撒主持编制的历法，被后人称为儒略历。

★无冕之皇

恺撒出生于一个有悠久历史的贵族家庭，受过良好的教育，年轻时便步入政坛。恺撒曾得出了这样的结论：自己最适合担当建立罗马所需要的有效而开明的专制制度的任务。公元前45年10月他返回罗马，不久就成为终身独裁者。公元前44年2月马克·安东尼要为他加冕，却被他拒绝了。但由于他是一个军事独裁者，因此这并未使拥护共和制政体的反对派消除疑虑。公元前44年3月15日，在一次元老院会上恺撒被一伙阴谋者暗杀。

恺撒是罗马帝国的奠基者，因此被一些历史学家视为罗马帝国的无冕之皇，有"恺撒大帝"之称。甚至有历史学家将其视为罗马帝国的第一位皇帝，以其就任终身独裁官的日子为罗马帝国的诞生日。影响所及，有罗马君主以其名字"恺撒"作为皇帝称号，其后的德意志帝国及俄罗斯帝国君主也以"恺撒"作为皇帝称号。

2.2.3 托勒密的《天文学大成》

从公元前300年到公元400年的近700年间，埃及亚历山大城的大图书馆一直是世界的学术中心，大图书馆里保管着浩如烟海的卷轴和图书。在这当中，古典天文学最著名的书籍是《天文学大成》，由埃及数学家、天文学家克罗狄斯·托勒密写成于150年。托勒密的《天文学大成》之于古代科学的重要性无异于牛顿的《原理》之于17世纪。

导图

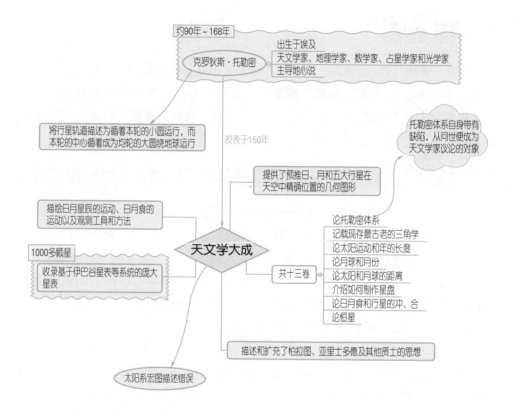

约90年~168年

克罗狄斯·托勒密

出生于埃及
天文学家、地理学家、数学家、占星学家和光学家
主导地心说

将行星轨道描述为循着本轮的小圆运行，而本轮的中心循着成为均轮的大圆绕地球运行

发表于150年

提供了预推日、月和五大行星在天空中精确位置的几何图形

托勒密体系自身带有缺陷，从问世便成为天文学家议论的对象

描绘了日月星辰的运动、日月食的运动以及观测工具和方法

1000多颗星

收录基于伊巴谷星表等系统的庞大星表

天文学大成

论托勒密体系
记载现存最古老的三角学
论太阳运动和年的长度
论月球和月份
论太阳和月球的距离
介绍如何制作星盘
论日月食和行星的冲、合
论恒星

共十三卷

描述和扩充了柏拉图、亚里士多德及其他贤士的思想

太阳系宏图描述错误

克罗狄斯·托勒密

人物小史与趣事

克罗狄斯·托勒密（约90—168），古希腊天文学家、地理学家、数学家、占星学家和光学家，地心说的集大成者，生于埃及，父母都是希腊人。

其代表作品有《天文学大成》《地理学》《天文集》《光学》等。其中，《天文学大成》达到了500年的希腊天文学和宇宙学思想的顶峰，并统治了天文界长达13个世纪。

★托勒密的成就

托勒密总结了希腊古天文学的成就，写成《天文学大成》十三卷。其中确定了一年的持续时间，编制了星表，说明旋进、折射引起的修正，给出日月食的计算方法等。他利用希腊天文学家们特别是喜帕恰斯（Hipparchus，又译伊巴谷）的大量观测与研究成果，把各种用偏心圆或小轮体系解释天体运动的地心说给以系统化的论证，后世遂把这种地心体系冠以他的名字，称为"托勒密地心体系"。巨著《天文学大成》十三卷是当时天文学的百科全书，直到开普勒的时代，都是天文学家的必读书籍。《地理学指南》八卷，是他所绘的世界地图的说明书，其中也讨论到天文学原则。他还著有《光学》五卷，其中第一卷讲述眼与光的关系；第二卷说明可见条件、双眼效应；第三卷讲平面镜与曲面镜的反射及太阳中午与早晚的视径大小问题；第五卷试图找出折射定律，并描述了他的实验，讨论了大气折射现象。此外，他还有年代学和占星学方面的著作等。

知识链接

日月食

日食，又叫做日蚀，是月球运动到太阳和地球中间，如果三者正好处在一条直线上，月球就会挡住太阳射向地球的光，月球的黑影正好落到地球上，这时就发生了日食现象。

月食是指当月球运行至地球的阴影部分时，在月球和地球之间的地区会因为太阳光被地球所遮闭，人们就看到月球缺了一块。此时的太阳、地球、月球恰好（或几乎）在同一条直线上。月食可以分为月偏食、月全食和半影月食三种。月食只可能发生在农历十五前后。

2.2.4 中国古代天文学家观测客星

客星是中国古代对天空中新出现的星的统称，主要是指新星、超新星和彗星，偶尔也包括流星、极光等其他天象。这类天体如"客人"一样寓于天空常见星辰之间，故谓之客星。185年，一颗客星被记录下来。

导图

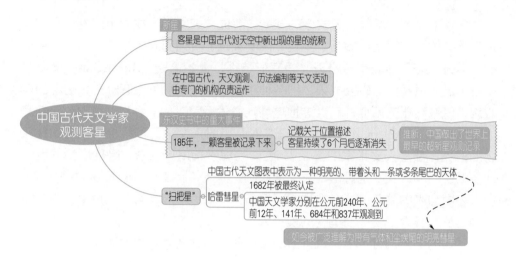

2.2.5 阿里亚哈塔的太阳系观点

阿里亚哈塔是对印度天文学发展最早做出伟大贡献的天文学家，在大约500年，他发表了印度现存最古老的数学和天文学珍贵文献《阿里亚哈塔历书》。

导图

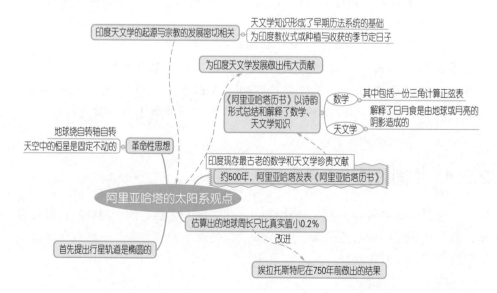

2.2.6 阿拉伯天文学

约825年，阿拉伯的天文学家们继承了从古希腊到罗马时代以来的天文学和数学遗产，阿拉伯的天才与创造性研究成果得以爆发性地增长。阿拉伯天文学分为三大学派：巴格达学派、开罗学派和西阿拉伯学派。

 导 图

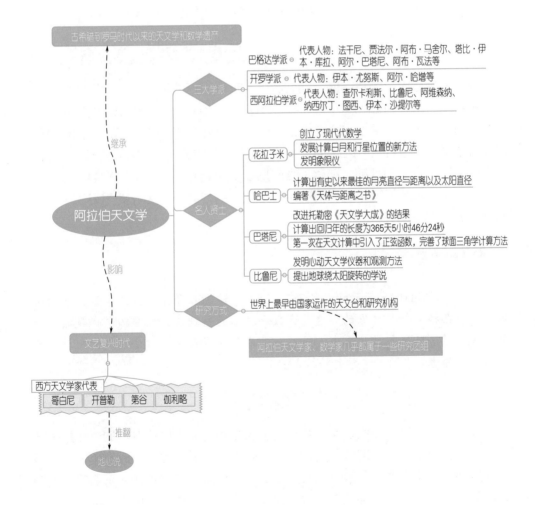

人物小史与趣事

阿尔·哈增

阿尔·哈增（Al-hazen，965—1040，一名伊本·艾尔-海什木，Ibn al-Haytham），阿拉伯科学家，965年7月1日生于巴士拉（在今伊拉克的古士拉），1040年3月6日卒于埃及开罗。阿尔·哈增最为感兴趣的领域是光学，因其所取得的成就而被称为"现代光学之父"。他不仅在光学视觉理论方面有贡献，在天文学、数学领域也有一定研究，留存著作50多篇，其中以光学和天文学为主。其天文学著作包括《论月光》《论宇宙构造》等。

★装疯的天文学家

阿尔·哈增为了给自己谋一挂名职务，宣称自己能够为治理尼罗河洪水设计一种机器。如他所愿，这引起了埃及哈里发（哈基姆）的重视，他被聘专管此事。但对于阿尔·哈增来说不幸的是这位哈基姆是卡力古拉和伊凡雷帝时代之间最危险的"戴着王冠的疯子"。哈基姆要求他立刻制造出这种机器，若造不出来的话，就会将他处死。阿尔·哈增逐渐认识到对他提出的这个要求绝不是开玩笑。阿尔·哈增面临这种情况别无他法，只得装疯。因此他不得不一直装疯到1021年哈基姆死去为止。

花拉子米

花拉子米（Al-khwarizmi，约780—850），波斯数学家、天文学家、地理学家，也是巴格达智慧之家的学者，代数和算术的整理者，被誉为"代数之父"。他的天文学著作《印度历算书》是第一部基于印度天文学方法写成的阿拉伯历算书，被称为伊斯兰天文学的转折点。

★象限仪的发明

第一个象限仪（古象限仪）是花拉子米在九世纪巴格达发明的。花拉子米发明的正弦象限仪被应用于天文计算上，同样由其发明的以小时为单位、于特定纬度使用的象限仪是象限仪发展史上的一个焦点，通过观测太阳及星辰来判定时间。古象限仪是一种精密的数学仪器，可以在地球上的任何纬度、任何时间使用以判定时间，是中世纪仅次于星盘的常用天文仪器，在伊斯兰世界常被用以判定礼拜的时间。

2.2.7　仙女座大星云的观测

仙女星系是一个盘状星系，直径22万光年，距离地球有254万光年，是距离银河系最近的大星系。它显示为仙女座中一片微弱的光（星云），是肉眼可见的最遥远天体，状如暗弱的椭圆小光斑。很早以前，约964年，天文学家就发现了它。梅西耶在1764年8月3日为它编号M31。

导图

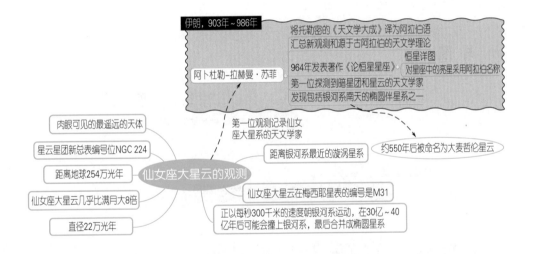

人物小史与趣事

阿卜杜勒-拉赫曼·苏菲

阿卜杜勒-拉赫曼·苏菲（Abd-al-Rahman Al Sufi，903—986），伊斯兰天文学家，代表作品有《论恒星星座》。他于964年出版了《论恒星星座》一书，此书是伊斯兰观测天文学的杰作之一，书中给出四十八个星座中每颗恒星的位置、星等和颜色，并且进行了星名鉴定，列出了阿拉伯星名在托勒密体系中的名称，而且附有两幅星图和一份列有恒星的黄经、黄纬和星等的星表。《论恒星星座》对许多星名的鉴定，大大丰富了天文学术语，使得不少星名为当今世界所通用。

2.2.8　玛雅天文学

　　玛雅人是美洲印第安人的一支，在公元前1000年左右开始创立文化，3世纪到9世纪是玛雅文化的古典时期。玛雅天文学指的就是玛雅文明发展出来的天文学，与天体物理学有关。玛雅人在天文历法方面有卓越成就，他们通过对金星和太阳的运行时间的长期观测，已经掌握了日食周期和日、月、金星等的运行规律，大约在前古典时期之末，他们还创立了精确的圣年历（1年260天）和太阳历（1年365天）两种纪年方法。

导图

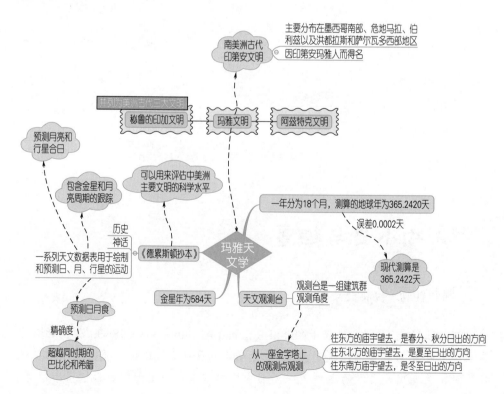

2.2.9 《天球论》的发表

最早流行于西欧的天文学标准教材，是大约1230年英国僧侣和天文学家约翰·萨克罗博斯科（Johannes de Sacrobosco，约1195—约1256）发表的小册子《天球论》。

导 图

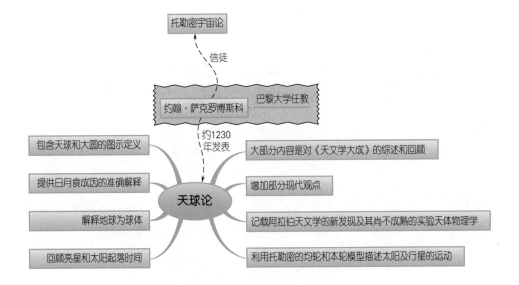

3

经典天文学时期

（1300年 ~ 1779年）

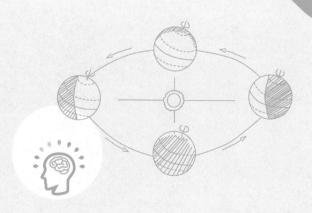

　　天文学是人类有史以来很古老的自然科学学科之一，从16世纪中叶哥白尼提出的日心体系学说开始，天文学的发展进入了全新的阶段。哥白尼的日心体系学说使天文学摆脱了宗教的束缚，并且在此后的一个半世纪中从主要纯描述天体位置、运动的经典天体测量学，向着寻求造成这种运动力学机制的天体力学发展，经典天文学达到了鼎盛时期。

导图

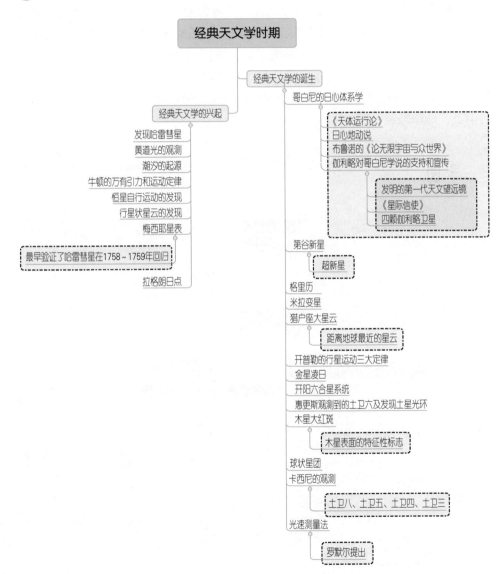

3.1 经典天文学的诞生

3.1.1 哥白尼的《天体运行论》及日心地动说

1542年，哥白尼提出了日心说，否定了教会的权威，改变了人类对自然及自身的看法。当时罗马天主教廷认为他的日心说违反《圣经》，但哥白尼仍坚信日心说，认为日心说与《圣经》并无矛盾，并经过长年的观察和计算，于1543年完成了他的伟大著作《天体运行论》。哥白尼在《天体运行论》中提出的，实际上是公元前300多年阿里斯塔克斯和赫拉克里特就已经提到过的"太阳是宇宙的中心，地球围绕太阳运动"。

导图

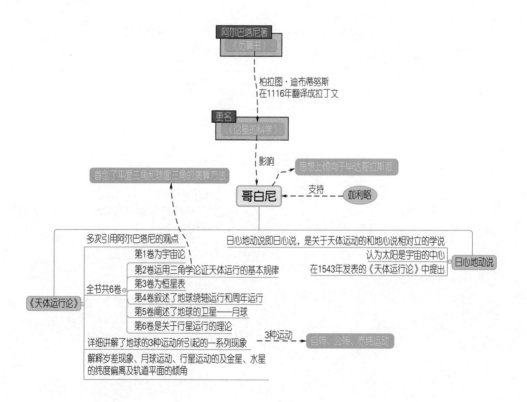

人物小史与趣事

尼古拉·哥白尼（Nikolaj Kopernik，1473—1543），15～16世纪的波兰天文学家、数学家、日心说的创立者、近代天文学的奠基人。

尼古拉·哥白尼

哥白尼的主要贡献是创立了科学的日心地动说，写出"自然科学的独立宣言"——《天体运行论》。恩格斯在《自然辩证法》当中对哥白尼的《天体运行论》给予了高度评价。他说："自然科学借以宣布其独立并且好像是重演路德焚烧教谕的革命行为，便是哥白尼那本不朽著作的出版，他用这本书（虽然是胆怯地而且可以说是只在临终时）来向自然事物方面的教会权威挑战，从此自然科学便开始从神学中解放出来。"

★创作《天体运行论》

哥白尼是个一丝不苟、严谨治学的人。虽然早在大学期间，他已酝酿出日心说理论的雏形，后来又经过多年的思索及研究，日心说理论已完全成熟，但他还要用天文观测得到的大量事实证实自己的学说。

在那段日子里，哥白尼的一位朋友经常来看望他。他叫蒂德曼·吉斯，是一位神父，他也十分爱好天文，对哥白尼的学识非常崇拜。他常常和哥白尼一起观测天体，而更多的时候是听哥白尼谈论他的观点。朋友在一起是最令人愉快的时光，更何况是这么支持他事业的人呢。

吉斯非常爱听哥白尼讲关于天体运动的理论。提起这个话题，哥白尼便滔滔不绝地大谈特谈起来，由于他正在创

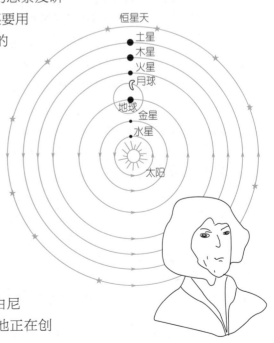

恒星天
土星
木星
火星
月球
地球
金星
水星
太阳

作论文《天体运行提纲》，因此他向好友阐明了日心说的基本思想。

哥白尼站起身来，翘起右手的食指说："一，不存在一个所有天体以及轨道的中心点。二，地球不是宇宙的中心，只是重心和月球轨道的中心。三，所有的天体均围绕作为自己中心点的天体运转。四，地球到太阳的距离同天穹高度之比，就如同地球半径同地球与太阳间距之比一样渺小，地球到太阳的距离同天穹高度之比是微不足道的。五，在天空中看到的所有运动，均是由地球自己的运动造成的。六，使人感到太阳在运动的一切现象，均不是由太阳的运动产生的，而是由地球及其大气层的运动造成的。地球带着它的大气层，像其他行星一样围绕太阳旋转。由此可见，地球同时进行几种运动……"

圆周运动

质点在以某点为圆心、半径为r的圆周上运动，即质点运动时其轨迹是圆周的运动叫圆周运动，它是一种最常见的曲线运动。

哥白尼像讲台上的大学教授一样侃侃而谈。吉斯听得连连点头，原来一些模糊不清的问题，经过哥白尼一点也释然了。

"你论断地球每昼夜围绕自己的轴心旋转一周和每年围绕太阳旋转一周的理论是惊动世界的新闻，自然也抨击了托勒密的理论。可是，你是用了什么仪器观察的呢？"吉斯不解地问着朋友。

吉斯看到的仪器竟是如此简单，有象限仪、三角仪及捕星器。

吉斯伸手拿起象限仪看。那不过是用木板做成的正方形，板上绘制了四分之一圆弧，在圆心处钉上一条细棍，用于观察太阳的位置，还可测量太阳中天时的高度。放下象限仪，他又拿起捕星器看。那是哥白尼用以测量月球与行星的位置和角度的工具，是由六个摆放在相应位置上带有刻度的圆环构成的。

"用简单的仪器观察出如此重大的发现，真是伟大，伟大！"吉斯的赞赏是发自内心的，这对于孤军奋战的哥白尼来说是极大的安慰。

哥白尼花了六年的时间完成《天体运行论》的初稿，又花了30年时间进行修改，直至1543年5月，在他去世前此书才得以出版。

★观察太阳的哥白尼

波兰的弗洛恩堡教堂旁边有座小阁楼，里面住着一个怪人，他在楼顶上搭了各种奇怪的仪器，每天对着天空看来看去，还不停地喃喃自语："太阳没有动，太阳没有动。"

邻居们很好奇，问他在做什么，他说："观察太阳。"

太阳有什么好看的，还不是每天从东方升起，又从西方落下，邻居们心里想："这人肯定个疯子。"

这个观察太阳的"疯子"就是哥白尼，他在楼顶上观察太阳已经有30年了。

后来邻居们听说哥白尼"疯"得变本加厉了，他居然说太阳是不动的，是人们住的地球和所有的行星在围绕着太阳转动。

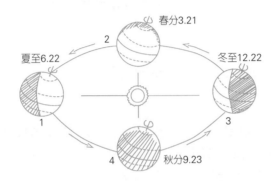

这真是彻底疯了，连小孩子都知道，人类住的地球是宇宙的中心，太阳、月亮和一切行星均围绕着地球转动。

人们不以为然地摇着头，指着阁楼说："这个人真是疯得厉害了，没药救了。"

一天，哥白尼像往日一样，仰着头，在阁楼上观察太阳，突然听到外面一阵喧哗的声音，这声音里还有一阵阵笑声，还有人在说自己的名字。"咦，到底是怎么一回事？"哥白尼将头伸出去看了看。

原来外面有一群小丑在演戏，主角居然是哥白尼！只见扮演哥白尼的小丑身上套了件黑袍子，披头散发的，摇着长满胡须的脑袋说："太阳是不动的，我们脚下的地球才是动的。"另一个小丑凑上前说："如果地球在动，那你为什么不头朝下脚朝上呢？"说完，整个人头朝下脚朝上倒立起来。台下的人都哈哈大笑起来。

哥白尼无可奈何地摇摇头，关上窗子，心里想："天体的运行绝不会因为你们的嘲笑而受到丝毫影响，总有一天你们会知道我说的是正确的。"

在这种不理解和嘲弄的环境中，哥白尼继续自己的观测，并写成了天文学巨著《天体运行论》。

哥白尼在他生活的年代得不到人们的理解，而现在，人们都知道地球是围绕着太阳在转动的了。

地球公转

地球在自转的同时还围绕太阳转动，地球环绕太阳的运动称为地球公转。同地球一起环绕太阳的还有太阳系的其他天体，太阳是它们共有的中心天体。

公转的方向也是自西向东的，公转一周的时间是一年。地球公转也会给我们带来四季的变化，春夏秋冬四季更替。

3.1.2　第谷观测到新星——超新星

第谷超新星，又称为"SN 1572""仙后座B"，是一颗于仙后座出现的超新星，也是少数能够以肉眼看见的超新星之一。它于1572年11月11日由丹麦天文学家第谷·布拉赫（Tycho Brahe）首度观测到，当时它比金星更亮，随着亮度转暗，至1574年3月，它已经无法再以肉眼看到。

导图

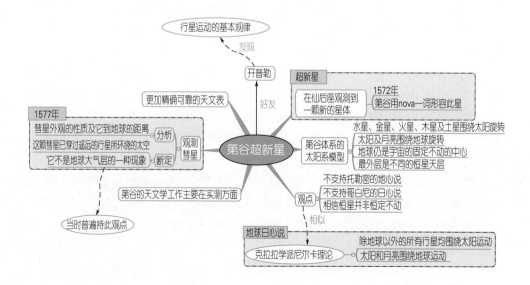

人物小史与趣事

第谷·布拉赫（Tycho Brahe，1546—1601），丹麦天文学家和占星学家。1572年11月11日第谷发现仙后座中的一颗新星，后来受到丹麦国王腓特烈二世的邀请，在汶岛建造天堡观象台，经过20年的观测，第谷发现了许多新的天文现象。第谷·布拉赫曾提出一种介于地心说和日心说之间的宇宙结构体系，17世纪初传入我国后曾一度被接受。第谷所做的观测精度之高，是其同时代的人望尘莫及的。第谷编制的一部恒星表相当准确，至今仍然有价值。

第谷·布拉赫

★爱才的第谷

1597年，年轻的开普勒写成《神秘的宇宙》一书，设计了一个有趣的、由许多有规则的几何形体构成的宇宙模型。

1599年，第谷看到那本书，非常欣赏作者的智慧及才能，立即写信给开普勒，热情邀请他做自己的助手，还给他寄去了路费。开普勒来到第谷身边以后，师徒俩朝夕相处，形影不离，结成了忘年交。在业务上，第谷精心指导；在经济上，第谷慷慨相助。第谷由衷希望开普勒这匹千里马能早日飞奔。但是，过了一段时间，开普勒受多疑妻子的挑唆，突然和第谷决裂了。他公开散播第谷的坏话，最后留下一封满纸侮辱性言语的信，不辞而别。开普勒的离去使爱才如命的第谷痛心疾首。他意识到这完全是一种误会，马上写信给开普勒，胸怀宽广地请他回来。开普勒读了第谷的诚挚友好的来信，惭愧得无地自容。他热泪盈眶地提笔写了忏悔信，彻底承认错误。当两人重修旧好时，开普勒不由自主地又检讨起来，第谷立即制止说："过去的还要说什么呢？你是我的好朋友。现在我们又在一起研究了，这就够了！"第谷不记旧怨，不但将才华出众的开普勒推荐给国王，还将自己几十年辛勤工作积累下来的观测资料和手稿全部交给了开普勒使用。他语重心长地对开普勒说："除了火星所给予你的麻烦之外，其他一切麻烦都没有了。火星我也要交托于你，它是够一个人麻烦的。"

　　1601年，重病的第谷将开普勒请到床边，作了临终的嘱托，他说："我一生之中，都是以观察星辰为工作，我要得到一份准确的星表……现在我希望你能继续我的工作，我把存稿都交给你，你把我观察的结果出版出来，题名为《鲁道夫星表》……"这本天文表，经过开普勒的精心整理和千方百计地筹集印刷资金，直到1627年才正式出版，在以后一百多年的时间里，航海学家们都乐于采用《鲁道夫星表》，因为它是有史以来最为精确的一份天文表。

★星学之王——第谷

　　第谷·布拉赫，1546年12月14日生于丹麦斯科讷（今属瑞典），出身于贵族，14岁进入哥本哈根大学。第谷从小就迷恋天文观测，终身致力于天文仪器制造和天文研究。他一生积累的观察数据和资料，对后来的著名天文学家开普勒具有极大的帮助。

　　1576年2月，丹麦国王将丹麦海峡中的汶岛赐予第谷，并且拨巨款让第谷在岛上修建大型天文台。这座天文台被誉为"天堡"，它不仅规模宏大，而且设备齐全，所用的天文仪器几乎都是第谷设计制造的，其中最著名的就是第谷象限仪。这座天文台还有配套的仪器修造厂、印刷所、图书馆、工作室和生活设施。第谷在这座天文台工作了21年，重新测定了一系列重要的天文数据，他的测量结果与现代值都很接近。第谷不断改进观测仪器，如在窥管上引入照准器，找到了既精巧又方便的横向划分法，提高了仪器的精确度。他测定了大气折射改正表，为后人的观测活动提供了更好的参照。第谷通过重新测定恒星的位置，编制成比以往更准确的1000多颗恒星的星表。

　　1588年国王逝世后，天文台的资金变得十分困难，第谷艰难地维持了近10年，最终于1597年3月被迫关闭天文台。1601年10月24日，第谷辞世。

3.1.3　格里历

　　格里历是公历的标准名称，是一种源自西方社会的历法。它首先由意大利医生、天文学家、哲学家、年代学家阿洛伊修斯·里利乌斯与克拉乌等学者在儒略历的基础上加以改革，后由教皇格里高利十三世于1582年颁布。而公元即"公历纪元"，又称"西元"。1949年9月27日，经过中国人民政治协商会议第一届全体会议通过，中华人民共和国使用国际社会多数国家通用的西历和西元作为历法和纪年。

导图

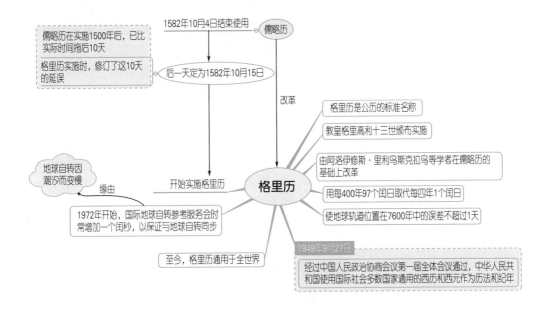

人物小史与趣事

★格里历（公历）的由来

当我们参观郭守敬纪念馆或了解郭守敬科技成就时，常常会听到这样一句话：郭守敬编制的《授时历》规定一回归年为365.2425日，与现行公历，也就是《格里历》规定的时间完全一致，但比《格里历》早301年。那么，格里历是怎么回事呢？

它是由古罗马历发展而来的，分为《儒略历》和《格里历》两部分。罗马709年（即公元前46年，汉元帝初元三年），罗马的最高统治者儒略·恺撒鉴于当时历法极度混乱，严重影响国家生活的正常进行，于是就颁布了改历的命令，邀请了以埃及的索西琴尼为首的一批天文学家，来帮助他改革历法。他们制定的历法规定每年设12个月，月数逢单为大月31日，逢双为小月30日，唯有二月为29日，全年为365日，每隔三年在二月加一日为闰年366日。儒略·恺撒为了宣扬自己的功绩，将他出生的七月改用自己的名字"Julius"命名，这个新历称为儒略历。但是恺撒死后，那些颁发历书的祭司们，却不了解天文学家索西琴尼改历的实质，以致将历法规定中的"每隔三年设一个闰年"，误解为"每三年设一个闰年"。因此，从公元前42年到公元前9年就多设置了三个闰年。这个错误直到公元前9年才被发现，并且由恺撒的侄子——罗马皇帝奥古斯都（即屋大维）下令改正过来。奥古斯都宣布从公元前8年至公元4年不再设置闰年，而从公元8年开始仍按恺撒规定，每隔三年设一闰年。同样为了留名，奥古斯都将自己出生的八月改成自己的称号"Augustus"，并将这个月增加一日变成31日。这一日从二月份扣去，同时将九月以后的大小月全部加以对换。这样一来，破坏了原来大小月相互交替的规律，使本来很好记忆的单数月大、双数月小的历法，变得难记难用了，以致两千多年后的今天还受影响。当时，人们都认为《儒略历》是最准确的历法。于是，欧洲基督国家于325年在尼西亚召开宗教会议，决定共同采用。但是，《儒略历》并不是十分准确的历法，它的历年平均长度等于365.25日，比回归年长0.0078日。

这个差数虽然不太大，每年只差11分14秒，但是逐年累积下去，128年就多出一日，400年就多出3日。这样从尼西亚宗教会议算起，到1582年已经发生了10日的误差。因此，公元1582年，罗马教皇格里高利十三世决定改革历法，采用业余天文学家、医生利里奥的方案，每400年中去掉三次闰年。其方法就是：那些世纪数不能被4整除的世纪年（如1700、1800、1900年等）不再算作闰年，仍算作平年，并且规定将1582年10月4日以后的一天算作1582年10月15日。日期一下子跳过10天，但是星期序号仍连续计算：即1582年10月4日是星期四，第二天10月15日是星期五。改革后的新历法称为《格里历》，全年天数是365.2425日，每年只比回归年多0.0003日，经过3300年才多出一日，比《儒略历》精确多了。因此，世界各国都陆续采用了《格里历》，也就是现行的公历。

知识链接

闰年

闰年是为了弥补因人为历法规定造成的年度天数与地球实际公转周期的时间差而设立的。补上时间差的年份为闰年。闰年有366天。

3.1.4 布鲁诺的《论无限宇宙和世界》

布鲁诺是意大利杰出的思想家、哲学家，他在反对封建神学的斗争中，形成了自己独特的自然哲学。他于1584年发表的《论无限宇宙和世界》是其最有影响力的核心著作。《论无限宇宙和世界》基于哥白尼学说，系统批判了亚里士多德的地心说——有限宇宙论，并且根据当时自然科学最新成果，从哲学上论证和阐述他的无限宇宙论：宇宙是一，而众世界是无数；每个世界有中心，而无限宇宙无中心；强调宇宙的无限性、宇宙结构的同质性以及宇宙物体运动源于内在本质的普遍性。布鲁诺的宇宙论尽管存在着某些揣测和错误，但是在人类认识自然的道路上，就其宇宙论的实质对整个近代自然科学的发展确实具有不可磨灭的启迪与昭示作用。

导图

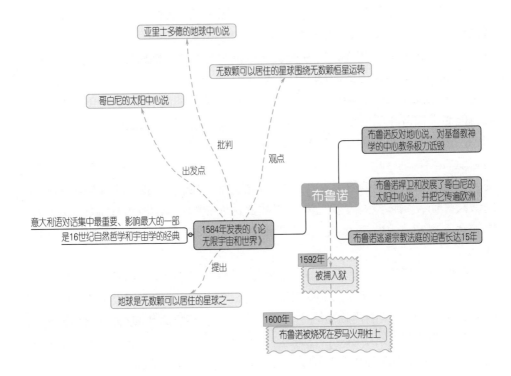

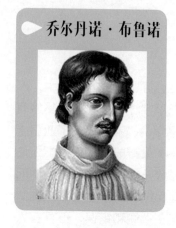

乔尔丹诺·布鲁诺

人物小史与趣事

乔尔丹诺·布鲁诺（Giordano Bruno，1548—1600），意大利文艺复兴时期伟大的思想家、自然科学家、哲学家和文学家。

他勇敢地捍卫和发展了哥白尼的太阳中心说，并把它传遍欧洲，被世人誉为是反教会、反经院哲学的无畏战士，是捍卫真理的殉道者。

其主要著作有《论无限宇宙和世界》《诺亚方舟》。

★科学史上的鲜花

欧洲各地不论是正统的天主教，还是打着宗教改革旗号的新教，都竞相迫害布鲁诺。然而这丝毫没有动摇他的信念。他到处热情宣传唯物主义和无神论思想，将哥白尼的学说传遍了整个欧洲。他成为反教会、反经院哲学最坚决、最勇敢的战士。因为他到处宣传新宇宙观，反对经院哲学，引起了罗马教皇的恐惧和仇恨，将他视为眼中钉，欲置之死地而后快。

布鲁诺长期流亡在外，思乡心切。同时他也急切地想把自己的新思想和新学说带回来，献给自己的祖国。1592年初，布鲁诺不顾个人安危，回到威尼斯讲学，结果却落入了教会的圈套，被捕入狱。威尼斯政府开始不想把他交给教会，但后来怕得罪罗马教皇，还是将他交给了罗马教廷宗教裁判所。

布鲁诺在罗马被关押了3年多之后，宗教裁判所才开始审讯他。教会控告他否认神学真理，反对《圣经》，将他视为头等要犯。先后两任红衣主教都要处死他。但教会关押布鲁诺的目的还是要迫使他低头认罪，放弃自己的观点，向教会忏悔，屈膝投降。罗马教廷想摧毁这面旗帜，肃清他的影响，以此来重振教会的声威。秉性正直、坚持真理的布鲁诺不怕坐牢、不怕严刑拷打，拒不认罪。

在宗教裁判所对他动用重刑时，他从容回答："我不应也不愿意放弃自己的主张，没有什么可放弃的，没有根据要放弃什么，也不知道需要放弃什么。"布鲁诺在长达8年之久的监狱生活中，受尽酷刑，历经折磨和凌辱，但他丝毫没有动摇自己的信念，始终恪守自己信念。他曾说过："一个人的事业使他自己变得伟大时，他就能临死不惧""为真理而斗争是人生最大的乐趣。"

1600年2月6日，宗教裁判所判处布鲁诺火刑，布鲁诺以轻蔑的态度听完判决书后，正义凛然地说："你们对我宣读判词，比我听判词还要感到恐惧"。行刑前，刽子手举着火把问布鲁诺："你的末日已经来临，还有什么要说的吗？"布鲁诺满怀信心庄严地宣布："黑暗即将过去，黎明即将来临，真理终将战胜邪恶！"他最后高呼："火，不能征服我，未来的世界会理解我，会知道我的价值。"就这样，52岁的布鲁诺在熊熊烈火中英勇就义。

伟大的科学家就义了，但真理是不死的。随着科学不断发展，直到1889年，罗马宗教法庭亲自出马，为布鲁诺平反并恢复名誉。同年的6月9日，在布鲁诺殉难的罗马鲜花广场上，人们树立起他的铜像，作为对这位为真理而斗争、宁死不屈的伟大科学家的永久纪念。这座雄伟的塑像象征着为科学和真理而献身的不屈战士永远活在人民心中。

3.1.5　米拉变星

1596年和1609年，荷兰裔德国牧师和天文学家大卫·法布里齐乌斯从对剑鱼座米伽星的观测中发现了米拉变星。米拉变星是脉动变星，特征是颜色非常红，周期超过100天，而且光度变化超过一个视星等。它们已经是红巨星，在恒星演化至非常后期（在渐近巨星分支）即将逐出外面的气体壳层成为行星状星云，并将在数百万年后成为白矮星。

导图

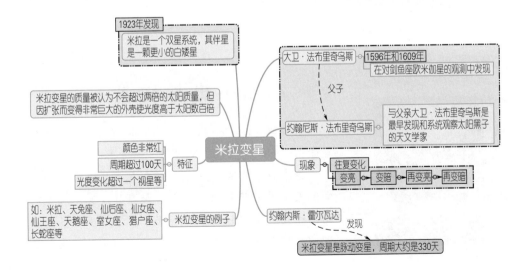

3.1.6 伽利略发明天文望远镜

伽利略是利用望远镜观测天体取得大量成果的第一位科学家，他于1610年出版的《星际信使》一书中，介绍了其制造出第一架用于天文观测的望远镜的经过。伽利略首次用望远镜观察到土星光环、太阳黑子、月球山岭、金星及水星的盈亏现象、木星的卫星及金星的周相等现象，反驳了托勒密的地心体系，有力地支持了哥白尼的日心说。

导图

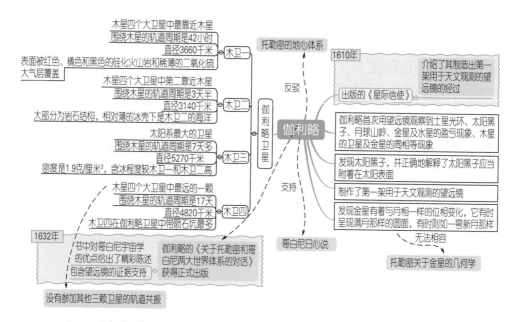

伽利略

人物小史与趣事

伽利略（Galileo Galilei，1564—1642），意大利数学家、物理学家、天文学家，科学革命的先驱。

他在科学实验的基础上融会贯通了数学、物理学和天文学三门知识，扩大、加深并改变了人类对物质运动和宇宙的认识。进而推翻了亚里士多德物理学的许多臆断，奠定了经典力学的基础，反驳了托勒密的地心体系，有力地支持了哥白尼的日心说。

★伽利略相对性原理

哥白尼的地动学说曾面临这样的驳难：如果说地球在自转的同时还在绕日公转，为什么我们完全感觉不到这种运动？一支箭垂直射向空中，为什么又落回到原地？按照亚里士多德的论证，地面上的物体除了寻找其固有位置的自然运动之外，别的运动都需要外力，如果地面从西往东在移动，那么垂直落下的箭因为没有横向的作用力，势必要落在偏向西面的地方，然而事实并非如此，因此地球在箭飞行的时间内是没有移动的。

面对这种驳难，伽利略在《对话》当中采取了一种釜底抽薪的策略，也就是重新评价运动的概念。对亚里士多德来说，非自然运动的强迫运动需要一个原因，所以要求一个解释；而静止是不需要原因的。伽利略则对运动给出了一个不同的观点。他说，并不是运动本身需要原因，而是运动的变化需要原因。稳定的运动包括静止这个特例是一种状态，保持这种状态会感觉不到运动。这就是为什么地球上的人在地球绕太阳旋转的时候感觉不到自己的运动速度的原因。

伽利略在《对话》中提出了一个可以证明所有试图证明地球不动的实验均无效的思想实验：设想将你和你的朋友关在一只大船的舱板下最大的房间里，里面招来一些蚊子、苍蝇以及诸如此类有翅膀的小动物；再拿一只盛满水的大桶，里面放一些鱼；再将瓶子挂起来，让其可以一滴一滴地将水滴出来，滴入下面放着的另一只窄颈瓶子中。于是，船在静止不动时，我们看到这些有翅膀的小动物如何以同样的速度飞向房间各处；看到鱼如何毫无差别地向各个方向游动；又看到滴水如何全部落到下面所放的瓶子中。而当你将什么东西扔向你的朋友时，只要他和你的距离保持一定，你向某个方向扔时不必比向另一个方向要用更大的力；如果你在跳远，你向各个方向会跳得同样远。尽管看到这一切细节，但是没有人怀疑，如果船上情况不变，当船以任意速度运动时这一切应照样发生。只要这运动是均匀的，不在任何方向发生摇摆，你无法辨别得出上述这一切结果有丝毫变化，也无法靠其中任何一个结果来推断船是在运动还是静止不动。

知识链接

相对静止

相对静止指两个物体同向同速运动，两者相对以对方为参照物的位置没有发生变化。没有任何方法可以证实一个物体是在绝对静止之中。绝对静止的物体是不存在的。静止只是一个物体对于它周围的另一个参照物保持位置不变，所以也只能是相对运动和相对静止，运动和静止是相对的。判断一个物体是在静止中还是在运动中，必须选择合适的参照物。选择的参照物不同，物体的运动状态就不同。

在封闭的船舱中做任何力学实验都不可能发现一只船是停泊在港口还是行驶在海上。这个说法现在称之为"伽利略相对性原理"。此后几乎花了300年的时间，这个原理才由爱因斯坦推广至在任何作匀速运动的封闭系统中观测到的光学和电磁现象都是一样的。

★哥白尼日心说的证实

伽利略很早就相信哥白尼的日心说。1604年，他在一次讲演中说道，地球不是宇宙的中心，而不过是围绕太阳转的一点微尘。他时刻不忘哥白尼的理论，并且希望能用实践将它证实。

1608年6月的一天，伽利略听说一个荷兰人将一片凸镜和一片凹镜放在一起，做了一个玩具，可以将看见的东西放大。这一夜，伽利略坐在桌子前，蜡烛点了一支又一支，他反复思考着，琢磨着，为什么两个这样的镜片放在一起，就能起放大作用呢？

天亮了，伽利略决定自己动手做一个。他找来了一段空管子，一头嵌了一片凸面镜，另一头嵌了一片凹面镜，这样一个小望远镜做成了。他拿起来一看，可以把原来的物体放大三倍。但伽利略没有满足，他进一步改进，又做了一个。他带着这个望远镜来到海边，只见茫茫大海波涛翻滚，没有一条船。当他拿起了望远镜再看时，一条船正从远处向岸边驶来。实践证明，它可以放大8倍。

伽利略不断改进着，最后他的望远镜可以将原物放大32倍。

有一天晚上，皎洁的月光洒满了大地，伽利略拿起自己的望远镜对准了月亮。发现月亮并不是像几千年来人们所说的那样光滑无瑕，它上面像地球一样，有高山、深谷，还有火山的裂痕呢！

从这以后，伽利略几乎每天晚上都将自己的望远镜对向天空，探索着宇宙的奥秘。他发现，银河是由许多小星星汇聚而成的，我们的肉眼所能见到的只是离地球最近的那么几个，而实际上还有很多很多呢！他还发现，太阳里面有黑点，这些黑点的位置在不断变动。因此，他断定太阳本身也在自转。

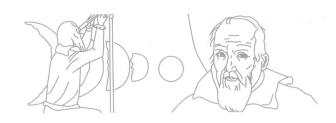

1610年1月7日晚，伽利略观察木星。他看到木星的旁边有3个小星，2个在左，1个在右。到了第二天晚上，他发现3个小星都跑到右边去了。到了10日晚，只有左边有2个小星。而到了12日晚上，木星的旁边竟出现了4个小星，3个在右，1个在左。因此他断定，木星有4个较大的卫星，在绕着它公转，这就是太阳系的缩影。

伽利略以无可辩驳的事实生动地说明，地球在围着太阳转，而太阳不过是一个普通的恒星，所有的恒星都是像太阳那样的巨大天体。宇宙间的一切天体，包括太阳那样的恒星与地球那样的行星，都在运动之中。这有力地证明了哥白尼学说的正确性。

1610年，伽利略的著作《星际信使》出版了。人们惊讶地说："哥伦布发现了新大陆，伽利略发现了新宇宙。"

★自由落体定律的发现

落体问题，人们很早就注意到了。在伽利略之前，古希腊的亚里士多德的学说认为，物体下落的快慢是不一样的，它的下落速度和它的重量成正比，物体越重，下落的速度越快。比如，10千克重的物体，下落的速度要比1千克重的物体快10倍。

1700多年来，在书本中，在学校的讲台上，一直把这个违背自然规律的定律当作圣经来讲述，没有任何人敢去怀疑它。这是因为亚里士多德提出过地球中心说，它符合奴隶主阶级和封建统治阶级的利益，所以亚里士多德的其他学说也就得到了保护。

年轻的伽利略没有被吓倒。他根据自己的经验推理，大胆地对亚里士多德的学说提出了疑问。他想，同样是1磅重的东西，自然以同样速度下落；但如果将两个1磅重的东西捆在一起，或者把100个1磅重的东西捆在一起，那么根据亚里士多德的学说，它们下落的速度就会比1磅重的东西大1倍或者99倍，这可能吗？他决心亲自动手试一试。

伽利略选择了比萨斜塔作试验场。一天，他带了两个大小一样但重量不等的铁球，登上了50多米高的斜塔。塔下，站满了前来观看的人。大家议论纷纷，有人讥笑他："这个青年一定是疯了，让他胡闹去吧！亚里士多德的理论还会错吗？"

只见伽利略出现在塔顶上，两手各拿一个铁球，大声喊道："下面的人看清楚啦，铁球落下去了。"他把两手同时张开。人们看到，两个铁球平行下落，几乎同时落到了地面上。那些讽刺讥笑他的人目瞪口呆。

自由落体运动

自由落体运动是指物体只在重力的作用下，从静止开始下落的运动。自由落体运动是一种初速度为零的匀加速直线运动，其加速度通常被认为是一个固定值，称为重力加速度，用小写字母g表示，其大小约等于10米/秒^2，方向竖直向下。

★勇敢坚强的科学战士

伽利略所生活的时代，正是欧洲资产阶级革命时期。那个时候，封建统治阶级利用基督教作为他们统治的精神支柱。他们宣扬宇宙间的一切事物都是上帝为人而制造的，人们应该老老实实地听从上帝的安排，接受封建统治阶级的压迫，任何人不准有半点怀疑，否则就是违背上帝的意志。这些荒谬的神学，紧紧地束缚着自然科学。哥白尼向地球中心说宣战，动摇了中世纪神权统治的基础，因此遭到了血腥的镇压。他的支持者和宣传者也都受到残酷的迫害。

意大利的哲学家布鲁诺，就是由于积极宣传哥白尼的学说，被罗马教会关了8年。但是布鲁诺并没有屈服，于是教会就把他活活烧死在罗马的广场上。当时，伽利略就站在广场上目睹了这一惨状。但是，这些并没有吓倒伽利略。他钦佩布鲁诺为真理而献身的精神和宁死不屈的高贵品质。他继续反对教会，反对经院哲学，勇敢地探索着科学的真理。

1615年，教皇向伽利略发出了警告。第二年，教皇宣布哥白尼的著作是禁书，不准伽利略再宣传这种"邪说"。伽利略先是默默地工作了9年，他研究力学，观察星宿。后来，他写了一本叫《关于托勒密和哥白尼两大世界体系的对话》的书，书中科学地论证了哥白尼学说的正确性，批判了托勒密的地球中心说。这本书从写作到出版，又花了9年时间。此书一出版，立即受到教会的攻击，被列为禁书。1633年，70岁的伽利略被传到了罗马。教皇命令将他囚禁起来，等候异端裁判所的审问。异端裁判所一次又一次地审问他，妄图逼迫他悔改，让他不再宣传他们所认为的邪说——实际上的真理。

他朋友们的要求，女儿痛哭流涕的来信，都没有动摇伽利略捍卫真理的决心。他认为，自己没有什么可悔改的。他坚定地说："悔改？要我悔改什么？难道我能将真理隐藏起来吗？"

于是，伽利略被判为终身监禁，一直到1642年离开人世。但是在这期间，他仍未停止工作。1636年，他写完了一本书——《关于力学和局部运动的两门新科学的谈话和数学证据》。

伽利略的一生，是战斗的一生，是为人类做出巨大贡献的一生。正如斯大林所评，伽利略是勇敢的科学战士之一，是勇于开辟科学上的新道路的革新者之一。

3.1.7 猎户座大星云

猎户座大星云（M42，NGC 1976）是位于猎户座的反射星云，也是位于猎户座的弥漫星云。1610年，法国天文学家佩雷斯克首先记录了对猎户座大星云的观测。1656年，由荷兰天文学家惠更斯发现，直径约16光年，视星等为4等，距地球1500光年。

🍳 导图

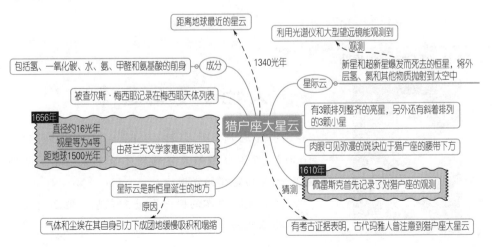

3.1.8 开普勒的行星运动三大定律

文艺复兴时期的德国数学家、占星家、天文学家开普勒是世界上第一位理论天体物理学家。开普勒利用自己和他人的观测数据，发展了一套宇宙统一模型。在1619年出版的《宇宙和谐论》中，开普勒发表了行星运动的三大定律：

① 行星沿椭圆轨道绕太阳运动，太阳位于椭圆的一个焦点上；

② 从太阳到行星的矢径在相等时间里扫过相等的面积；

③ 各行星公转周期的平方与轨道半长径的立方成正比。

它们被称作为开普勒定律，为牛顿发现万有引力定律奠定了基础。

导图

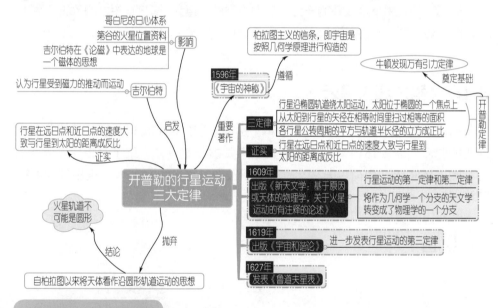

约翰尼斯·开普勒

人物小史与趣事

约翰尼斯·开普勒（Johanns Kepler，1571—1630），德国著名的天体物理学家、数学家、哲学家，开普勒定律的发现者。

他首先将力学的概念引进天文学，他还是现代光学的奠基人，制作了著名的开普勒望远镜。他发现了行星运动三大定律（分别为轨道定律、面积定律和周期定律），为哥白尼创立的日心说提供了极为有力的证据。他被后世誉为"天空的立法者"。

主要著作包括：《宇宙的奥秘》《天文学的光学须知》《蛇夫座脚部的新星》《新天文学》《哥白尼天文学概要》《鲁道夫星表》《折光学》《宇宙和谐论》等。

★ 开普勒的宇宙模型

开普勒平生爱好数学。他也和古希腊的学者们一样，非常重视数的作用，总想在自然界寻找数量的规律性（早期希腊学者称之为和谐）。规律愈简单，从数学上看就愈好，因此在他看来就愈接近自然。他之所以信奉哥白尼学说，正是因为日心体系在数学上显得更简单更和谐。他说："我从灵魂深处证明它是真实的，我以难以相信的欢乐心情去欣赏它的美。"他接受哥白尼体系后就专心探求隐藏在行星中的数量关系。他深信上帝是依照完美的数学原则创造世界的。

开普勒在其早期所著的《宇宙的神秘》一书里设计了一个有趣的、由许多有规则的几何形体构成的宇宙模型。开普勒试图解释为什么行星的数目恰好为六颗，并用数学描述所观测到的各个行星轨道大小之间的关系。他发现六个行星的轨道恰好同五种有规则的正多面体相联系。这些不同的几何形体，一个套一个，每个均按照某种神圣的和深奥的原则确定一个轨道的大小。如果土星轨道在一个正六面体的外接球上，木星轨道便在这个正六面体的内切球上；确定木星轨道的球内接一个正四面体，火星轨道便在这个正四面体的内切球上；火星轨道所在的球再内接一个正十二面体，便可以确定地球轨道……照此交替内接（或是内切）的步骤，确定地球轨道的球内接一个正二十面体，这个正二十面体的内切球决定金星轨道的大小；在金星轨道所在的球内接一个正八面体，水星轨道便落在这个正八面体的内切球上。

知识链接

内切球

球心到各面距离相等且等于半径的球是几何体的内切球。

正四面体

正四面体是由四个全等正三角形围成的空间封闭图形，所有棱长都相等。正四面体有4个面，6条棱，4个顶点，正四面体是最简单的正多面体。

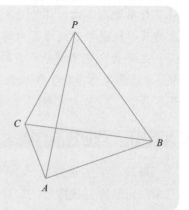

开普勒也因循自亚里士多德、托勒密直到哥白尼以来的固有见解，没有跳出圆形轨道的框框。这种设计得到的各个球的半径比率与各个行星轨道大小的已知值相当吻合。有规则的正多面体是具有相同平面的对称体。这种具有对称平面的多面体只能做出5个，所以开普勒确信太阳系的行星只有6颗。

这一"发现"给开普勒带来极大喜悦，他写道："我从这个发现所得到的极度喜悦是无法用语言来表达的。我不怕任何麻烦，我不辞辛劳、夜以继日地进行计算，直至我能够看到我的假设符合哥白尼的轨道，或我的喜悦要落空"。开普勒模型的数学关系纵然如此美妙，但若干年之后开普勒分析第谷的观测数据、制定行星运行表时，它们却毫无用处。开普勒便摒弃了它。

1598年奥地利暴发宗教冲突。天主教徒用凶残的惩罚来恫吓开普勒。他被迫离开奥地利，逃到匈牙利隐蔽起来。不久，他接到在布拉格路德福国王宫廷内任职的第谷的邀请，去协助整理观测资料及编制新星表。开普勒欣然接受，1600年携眷来到布拉格，任第谷的助手。具有讽刺意味的是，这两位学者，一个始终是哥白尼体系的反对者，另一个则是该体系的衷心拥护者。但他们毕竟撮合在一起了，并且戏剧般地成为天文学史上合作的光辉典范！

这是开普勒最快乐的时期，他不再为生活而发愁，专心从事天文学研究。然而很不幸，他们相处没多久，第谷便于第二年（1601年）去世。开普勒遭到一次很沉重的打击。这位被称为"星学之王"的天文观测家将他毕生积累的大量精确的观测资料全部留给了开普勒。他生前曾多次告诫开普勒：一定要尊重观测事实！

开普勒继任第谷的工作，任务是编制一张同第谷记录中的成千个数据相协调的行星运行表。虽然他得到"皇家数理家"的头衔，但宫廷却不发给他应得的俸禄，他不得不再用星相术来糊口。

第谷的观测记录到了开普勒手中，竟发挥了意想不到的惊人作用，使开普勒的工作变得严肃起来。他发现自己的得意杰作——开普勒宇宙模型，在分析第谷的观测数据、制定行星运行表时毫无用处，不得不将其摒弃。无论是哥白尼体系、托勒密体系还是第谷体系，没有一个能够与第谷的精确观测相符合。这就使他决心查明理论与观测不一致的原因，全力揭开行星运动之谜。为此，开普勒决定将天体空间当作实际空间来研究，用观测手段探求行星的"真实"轨道。

★开普勒不幸的一生

1571年12月27日，开普勒出生于德国威尔的一个贫民家庭。他的祖父曾是当地颇有名望的贵族。但在开普勒出生时，家道已经衰落，全家人就靠经营一家小酒店生活。开普勒是一个早产儿，体质很差。他在童年时代遭遇了很大的不幸，4岁时患上了天花和猩红热，虽死里逃生，但身体却受到了严重的摧残，视力衰弱，一只手半残。但开普勒身上有一种顽强的进取精神。他在12岁时入修道院学习，放学后还要帮助父母料理酒店，但一直坚持努力学习，成绩也一直名列前茅。

1587年，开普勒进入蒂宾根大学。此时，新的不幸又降临到他身上，父亲病故，母亲被指控有巫术罪而入狱。生活不幸并未使他中止学业，反而加倍努力学习。在大学学习期间，他受到天文学教授麦斯特林的影响，成为哥白尼学说的拥护者，同时对神学的信仰发生了动摇。开普勒经常在大学里和同学辩论，旗帜鲜明地支持哥白尼的立场。大学毕业之后，开普勒获得了天文学硕士的学位，被聘请到格拉茨新教神学院担任教师。后来，因学校被天主教会控制，开普勒离开神学院前往布拉格，与卓越的天文观察家第谷一起专心从事天文观测工作。正是第谷发现了开普勒的才能。在第谷的帮助和指导下，开普勒的学业有了巨大的进步。虽然开普勒的视力不佳，但还是做了不少观测工作，1604年9月30日在蛇夫座附近出现一颗新星，最亮时比木星还亮。开普勒对这颗新星进行了17个月的观测并发表了观测结果。历史上称之为开普勒新星（这是一颗银河系内的超新星）1607年，他观测了一颗大彗星，就是后来的哈雷彗星。第谷死后，开普勒接替了他的职位，被聘为皇家数理家。然而皇帝对他非常吝啬，给他的薪俸仅仅是第谷的一半，还时常拖欠不给。他的这一点点收入不足以养活年迈的母亲和妻儿，所以生活非常困苦。但开普勒却从没有中断过自己的科学研究，并在这种艰苦的环境下取得了天文学上的累累硕果。

晚年的开普勒坚持不懈地同唯心主义的宇宙论作斗争。1625年，他写了题为《为第谷·布拉赫申辩》的著作，驳诉了乌尔苏斯对第谷的攻击，因此受到了天主教会的迫害。天主教会将开普勒的著作列为禁书。1626年，一群天主教徒包围了开普勒的住所，扬言要处决他。后来，开普勒因曾担任皇帝的数理家而幸免于难。1630年11月，由于数月未得到薪金，生活难以维持，年迈的开普勒不得不亲自到雷根斯堡索取。不幸的是，他刚刚到那里便抱病不起。1630年11月15日，开普勒在一家客栈里悄悄地离开了世界。

开普勒被葬于拉提斯本圣彼得堡教堂，战争过后，其坟墓已荡然无存。但他突破性的天文学理论，以及他不懈探索宇宙的精神却成为后人铭记他的最好的丰碑。

3.1.9 霍罗克斯观测的金星凌日

天文学家所说的凌日现象是指观测到一个天体从太阳前经过的现象，日食就是月亮的凌日现象。英格兰天文学家杰雷米亚·霍罗克斯成功记录了1639年12月4日的金星凌日。

导图

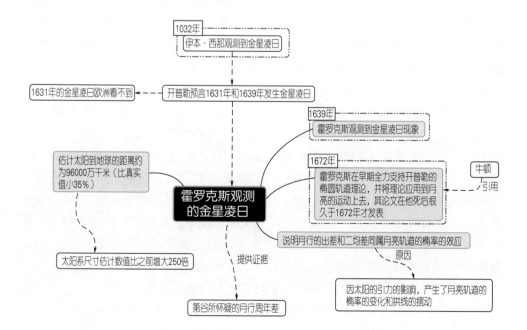

人物小史与趣事

▶ 杰雷米亚·霍罗克斯

杰雷米亚·霍罗克斯（Jeremiah Horrocks，1618—1641），英国天文学家，1618年生于利物浦附近的托克斯特思公园，1641年1月3日在托克斯特思公园家中因不明原因突然逝世。后人为纪念其功绩，将月面的一处环形山命名为霍罗克斯环形山。

1632年，霍罗克斯进入剑桥大学以马利学院学习，但因经济压力于1635年被迫辍学。在求学期间，霍罗克斯接触到了第谷·布拉赫和约翰尼斯·开普勒等人的工作。年仅17岁时，霍罗克斯便已敏锐地发现到开普勒理论的不足之处，并且开始通过数学方法研究使月亮绕地球运转的作用力，也就是日后艾萨克·牛顿研究的万有引力。

他纠正了开普勒的《鲁道夫星表》中金星凌日（即金星过日面）的数据，并且预言1639年11月24日将发生一次金星凌日。

★ 金星凌日的观测

霍罗克斯从1639年起，在兰开夏郡的胡尔当一名副牧师，他在业余时间学习天文学。在22年的短短一生中，他完成的业绩多得惊人。霍罗克斯纠正了开普勒的《鲁道夫星表》中金星凌日（即金星过日面）的数据，并且预言1639年11月24日将发生一次金星凌日。那是一个星期天，霍罗克斯刚从教堂里走出来，恰好及时地看到了它——人们第一次观测的金星凌日。霍罗克斯提出：从不同的天文台观测同一次凌日可以产生一种视差效应，它可以用来计算金星的距离，进而定出太阳系的大小。最后，人们确实做到了这一点。霍罗克斯是第一个全心全意接受开普勒椭圆轨道理论的天文学家。根据对月球运动的观测，霍罗克斯推广了开普勒的工作，他证明月亮在椭圆轨道上绕地球运行，地球则位于该椭圆的一个焦点上。霍罗克斯将开普勒的理论应用于一个开普勒本人亦未能把握住的已知天体，这就完成了开普勒的理论体系。霍罗克斯认为月球运动的某些不规则性可能是因为太阳的影响，也许木星和土星彼此间也有这种影响。这是万有引力理论的一种先兆，在霍罗克斯早夭之后一代人的时间里，牛顿发展了这种理论。

3.1.10　开阳六合星系统

伊巴谷、托勒密和苏菲的早期星表注明了天空中彼此靠近的亮星。这些恒星中最著名的一对位于北斗七星勺柄第二颗的位置上，中国古代称这两颗星为开阳星和辅星。两星约相距五分之一度。开阳双星的发现归功于意大利天文学家里奇奥利，他于1650年发表了他对开阳双星的观测结果。

导图

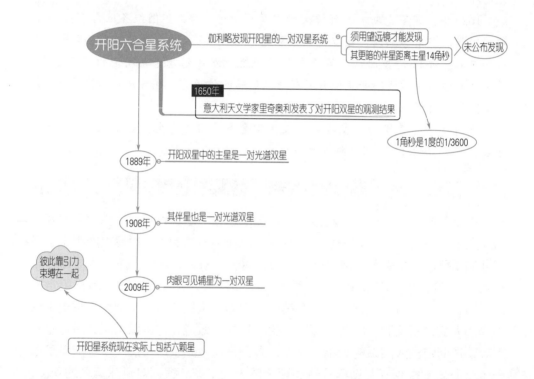

3.1.11　惠更斯观测到的土卫六及土星光环

土星到太阳的距离差不多是木星到太阳距离的两倍，因此木星上的阳光比土星上强3倍。1659年，荷兰天文学家惠更斯用他的天文望远镜观测土星，成为第一个认出"土星耳朵"是土星光环的人。

导图

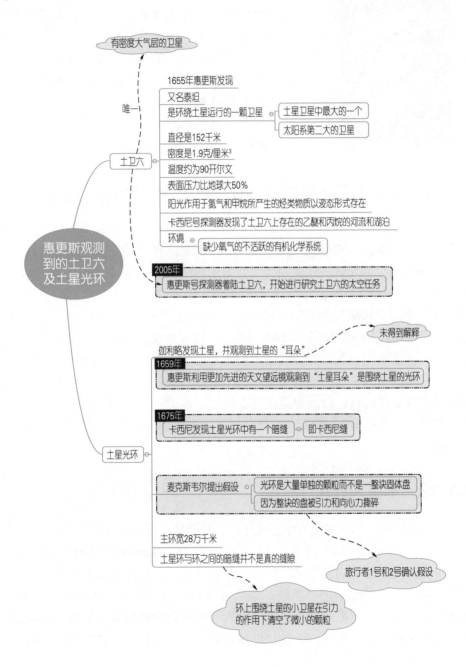

有密度大气层的卫星

1655年惠更斯发现

又名泰坦

是环绕土星运行的一颗卫星 —— 土星卫星中最大的一个

太阳系第二大的卫星

直径是152千米

密度是1.9克/厘米³

温度约为90开尔文

表面压力比地球大50%

阳光作用于氮气和甲烷所产生的烃类物质以液态形式存在

卡西尼号探测器发现了土卫六上存在的乙醚和丙烷的河流和湖泊

环境 —— 缺少氧气的不活跃的有机化学系统

唯一

土卫六

2005年
惠更斯号探测器着陆土卫六，开始进行研究土卫六的太空任务

惠更斯观测到的土卫六及土星光环

伽利略发现土星，并观测到土星的"耳朵" —— 未得到解释

1659年
惠更斯利用更加先进的天文望远镜观测到"土星耳朵"是围绕土星的光环

1675年
卡西尼发现土星光环中有一个暗缝 —— 即卡西尼缝

土星光环

麦克斯韦尔提出假设 —— 光环是大量单独的颗粒而不是一整块固体盘

因为整块的盘被引力和向心力撕碎

旅行者1号和2号确认假设

主环宽28万千米

土星环与环之间的暗缝并不是真的缝隙

环上围绕土星的小卫星在引力的作用下清空了微小的颗粒

人物小史与趣事

惠更斯

惠更斯（Christiaan Huygens，1629—1695），荷兰物理学家、天文学家、数学家。他是介于伽利略与牛顿之间一位重要的物理学先驱，是历史上最为著名的物理学家之一，他对力学的发展和光学的研究均有杰出的贡献，在数学和天文学方面也有卓越的成就，是近代自然科学的一位重要的开拓者。他建立向心力定律，提出动量守恒原理，并改进了计时器。

★土星有"耳朵"

当惠更斯还在荷兰的时候，就曾和他的哥哥一起以前所未有的精度成功设计和磨制出了望远镜的透镜，从而改良了开普勒的望远镜。惠更斯利用自己研制的望远镜进行了大量的天文观测，他得到的报酬是解开了一个由来已久的天文学之谜。伽利略曾通过望远镜观察过土星，他发现了土星有"耳朵"，后来又发现了土星的"耳朵"消失了。伽利略以后的科学家对此问题也进行过研究，但均未得要领。"土星怪现象"成为天文学上的一个谜。当惠更斯将自己改良的望远镜对准这颗行星时，他发现在土星的旁边有一个薄而平的圆环，而且它很像地球公转的轨道平面。伽利略发现的"土星耳朵"消失，是因为土星的环有时候看上去呈现线状。以后惠更斯又发现了土星的卫星——土卫六，并且还观测到了猎户座星云和火星极冠等。

3.1.12　木星大红斑

木星大红斑是木星表面的特征性标志，是木星上最大的风暴气旋。17世纪，科学家胡克（Robert Hooke）和卡西尼（意大利文：Giovanni Domenico Cassini）试着用他们的望远镜观测木星的时候，他们首先注意到并追踪木星南半球的圆形红色斑点。只是他们还不清楚，他们当时正在追踪的是一场猛烈的大风暴。1665年，法国天文学家发现木星有一块大红斑并把它绘制成图，终于引起了国际天文学界的注意，此后，直到1713年，这块大红斑在可见光的波段下断断续续地被观测到。

导图

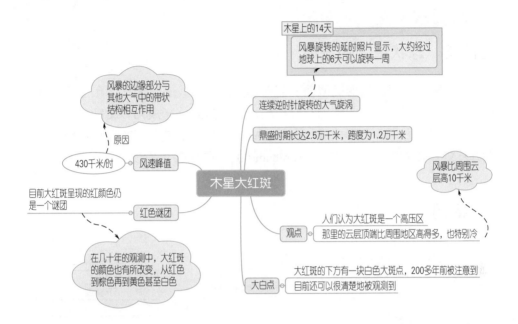

木星上的14天
风暴旋转的延时照片显示，大约经过地球上的6天可以旋转一周

连续逆时针旋转的大气旋涡

鼎盛时期长达2.5万千米，跨度为1.2万千米

风暴的边缘部分与其他大气中的带状结构相互作用

原因

430千米/时　风速峰值

木星大红斑

风暴比周围云层高10千米

目前大红斑呈现的红颜色仍是一个谜团

红色谜团

观点　人们认为大红斑是一个高压区
那里的云层顶端比周围地区高得多，也特别冷

在几十年的观测中，大红斑的颜色也有所改变，从红色到棕色再到黄色甚至白色

大白点　大红斑的下方有一块白色大斑点，200多年前被注意到
目前还可以很清楚地被观测到

人物小史与趣事

★ 木星大红斑的成因猜测

意大利的天文学家卡西尼指出，大红斑是木星大气的形态，它就像地球空中的云彩。卡西尼利用这个大红斑准确地测量出木星自转的周期。人们还在观测中发现，大红斑的颜色有时很浓，有时较淡，淡得人们只能隐约看到它的轮廓。这是因为大红斑在纬度方向上还有漂移运动，而且大红斑也不是固态的物质。

2013年11月18日，哈佛大学和加州大学伯克利分校研究人员发现木星大红斑的形成和能量补充机制，认为垂直方向上的能量补充非常重要，是大红斑不消失的原因。

木星是太阳系中自转速度最快的行星，这使得大气中的云被拉成长条形状，共形成了17条云带。云带中亮的部分称为"带"，暗的部分称为"带纹"。从探测器拍下的照片看，大气中的云剧烈翻转，在翻腾的云中有一个显著的大红斑。

大红斑乘着大气中上升的气流，沿着逆时针的方向大约6个地球日旋转一周，接受来自周围气流流动形成的能量，并且很好地保持能量平衡的状态。

3.1.13 球状星团的发现

球状星团，因其外形类似球形而得名。恒星形成于巨大气体和尘埃云的引力塌缩。临近恒星之间的引力交互作用把它们拉到一起成为一个圆球，共同围绕着公共的引力中心，形成球状星团。M22是第一个被发现的球状星团，是由德国天文学家亚伯拉罕·伊勒（Abraham Ihle）在1665年发现的。

导图

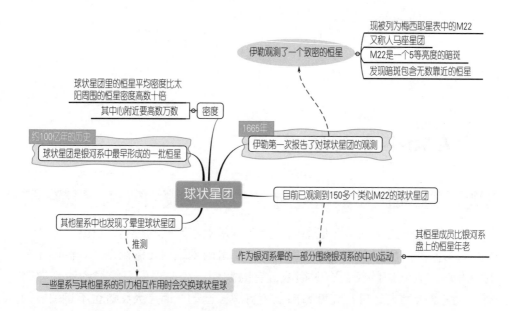

人物小史与趣事

★球状星团M2

M2（NGC 7089）是一个很耀眼的球状星团，它呈现为一个圆形的星云状的光团，明亮但是不透明，越向中心越明亮。直径大约为 6.8 弧分，距地球 4 万光年。M2 位于银河南极下方的宝瓶座，横跨约 150 光年，是由超过 10 万颗恒星组成的球状星团。在 1746 年 9 月 11 日，它首先被马拉尔第（Giovanni Domenico Maraldi）发现，于 1760 年 9 月 11 日梅西耶（Charles Messier）也发现了它，随后将它列入自己的星体目录编号。球状星团 M2 的亮度约为 6.5 等，需用双筒望远镜才能看见它。

M2 和其他 200 个球状星团都是绕着银河系中心运行的，而且均为银河系诞生时遗留下来的天体。研究像 M2 这种球状星团的距离和年龄，可以为宇宙的大小和年龄找出上限。

★ 球状星团 M3

球状星团 M3 位于猎犬座，是最突出的球状星团之一，距地球大约 33900 光年，在观测条件好时肉眼可见。星团直径约 200 光年，恒星密集的中心直径约 22 光年。1764 年 5 月 3 日，梅西耶发现球状星团 M3 并进行编号。球状星团 M3 是由 50 多万颗比太阳还要老的恒星所组成的巨大球体，位于银河系盘面上方。在它致密的星团核心中，要区分个别的恒星是件很困难的事。但是，对于处在星团外围区域的亮星，恒星色泽的分辨就很容易了。

★ 球状星团 M4

2003 年 7 月 10 日，一团来自一颗大约 130 亿年前的大气行星的闪亮星群占据了球状星团 M4 的核心位置，天空呈现出繁星满天的景观。球状星团因为组成物质的质量过重而不能成为行星，但是这一天文景观的出现意味着在早期宇宙的行星构成是很常见的现象。

★ 球状星团 M5

M5（NGC 5904）的赤道坐标为：赤经 15 度 18.5 分，赤纬 2 度 4 分，视星等为 5.7 等；角直径 22 分；距离地球约 25000 光年。戈特弗里德·基尔希（Gottfried Kirch）于 1702 年发现了 M5。梅西耶 1764 年 5 月 23 日对 M5 的观测记录如下：位于天秤座与巨蛇座之间，靠近巨蛇座 6 等星 Flamsteed（弗兰斯蒂德）5 的一个美丽的星云，圆形，星云中未见有任何恒星，在好的夜空背景下用 30 厘米口径的折射望远镜会看得很清楚。梅西耶将 M5 画在 1774 年出版的法国科学院年鉴第 40 页的 1753 年彗星图片上。1780 年 9 月 5 日、1781 年 1 月 10 日及 3 月 22 日梅西耶有三次观测了 M5。

3.1.14　卡西尼发现土星卫星

　　1610年发现的木星卫星和1655年发现的一颗土星卫星点燃了17世纪末天文学家发现卫星的热情。出生于意大利的天文学家卡西尼，1673年加入法国国籍。他在巴黎天文台发现了土星的四颗卫星——土卫八、土卫五、土卫四和土卫三。

 导 图

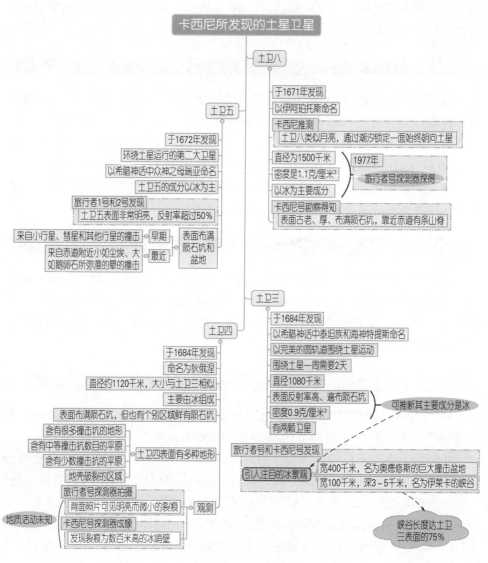

人物小史与趣事

▶ 卡西尼

卡西尼（Giovanni Domenico Cassini，1625—1712），意大利天文学家。从1650年起，他担任波洛尼亚大学天文学教授十九年。1664年7月，他观测到木星卫星影凌木星现象，由此开始研究木卫与木星的公转自转。他描述了木星表面的带纹和斑点，正确地解释为木星表面的大气现象；他还指出木星外形的扁圆状。1666年，卡西尼测定火星的自转周期为24小时40分（误差约3分）；1668年，他公布第一个木星历表。1669年，他前往巴黎皇家科学院工作。1671年巴黎天文台落成，卡西尼成为这个天文台的领导人。他在巴黎天文台发现了土星的四颗卫星——土卫八、土卫五、土卫四和土卫三。1675年，他发现土星光环中间有一条暗缝，后称卡西尼缝。卡西尼还准确地猜测了土星光环是由无数微小颗粒构成的。1679年，卡西尼公布了一份月面图，在以后的一个多世纪里没人超越。

3.1.15　罗默尔提出的光速测量法

对光的本质的争论贯穿了整个人类历史，多位学者曾提出过不同的看法。但第一次对光速做出很好估计的是丹麦天文学家奥勒·罗默尔（Ole Rømer），他发展了伽利略原创的思想，于1676年，利用木星的卫星测量了光速值。

✎ 导图

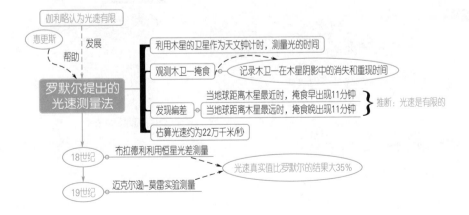

3.2 经典天文学的兴起

3.2.1 哈雷彗星的发现

　　彗星通常是太阳系中偶然的闯入者，中国古代天文学家因其尾巴长而为其取名"扫把星"（或"扫帚星"）。牛顿猜测至少有一部分彗星绕太阳运动，但牛顿没能进一步证明这个假说。哈雷观测到一颗彗星在1682年出现，之后利用历史记录和牛顿定律计算它的轨道，哈雷认为同样一颗彗星已经在1531年和1607年出现过。哈雷预言，这颗彗星将在1758年底或1759年初再次出现。彗星的确在1759年再次出现，遗憾的是哈雷没能等到那一天。

导图

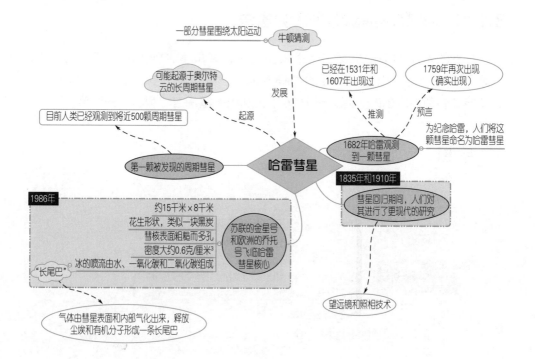

人物小史与趣事

埃德蒙多·哈雷（Edmond, Halley, 1656—1742），英国天文学家、数学家、地理学家、气象学家和物理学家，出生于1656年的英国，20岁毕业于牛津大学王后学院，曾担任牛津大学几何学教授，第二任格林尼治天文台台长。

他将牛顿定律应用于彗星运动上，并正确预言了那颗现被称为哈雷的彗星作回归运动的事实，他还发现了天狼星、南河三及大角这三颗星的自行，以及月球长期加速现象。

埃德蒙多·哈雷

★哈雷彗星

1680年，哈雷与巴黎天文台第一任台长卡西尼合作，观测了当年出现的一颗大彗星。自此他对彗星发生兴趣。哈雷在整理彗星观测记录的过程当中，发现1682年出现的一颗彗星的轨道根数，与1607年开普勒观测的及1531年阿皮亚努斯（Petrus Apianus）观测的彗星轨道根数相近，出现的时间间隔都是75或76年。哈雷运用牛顿万有引力定律反复推算，得出结论认为，这3次出现的彗星，并非3颗不同的彗星，而是同一颗彗星出现3次。哈雷以此为据，预言这颗彗星将于1758年年底或1759年年初再次出现。1759年3月，全世界的天文台均在等待哈雷预言的这颗彗星。3月13日，这颗明亮的彗星拖着长长的尾巴，出现在星空中。遗憾的是，哈雷已于1742年逝世，不能亲眼看到。1759年这颗彗星被命名为哈雷彗星。哈雷的计算，预测这颗彗星将于1835年和1910年回来，结果，这颗彗星均如期而至。

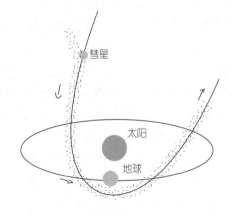
彗星以椭圆形的轨道环绕太阳运行

知识链接

哈雷彗星

哈雷彗星（周期彗星表编号：1P/Halley）是环绕太阳的周期彗星，肉眼可以看到。哈雷彗星的轨道周期为76～79年，下次过近日点时间为2061年7月28日。哈雷彗星是唯一能用裸眼直接从地球看见的短周期彗星，也是人一生中唯一以裸眼可能看见两次的彗星。

★哈雷的绰号

哈雷有许多有意思的绰号。当年他出色地绘制了南天星图，于是当时的英国皇家天文学家弗拉姆斯蒂德（John Flamsteed）便叫他"南天第谷（Our Southern Tycho）"。第谷是丹麦的天文学家，他用肉眼精确测量了北天777颗恒星的位置，并发掘出了后来成为"星空立法者"的开普勒。弗拉姆斯蒂德也以观测精确著称，第谷自然成为他心中至高的偶像。22岁的哈雷竟被性格严肃刻板的弗拉姆斯蒂德毫不吝啬地誉为"南天第谷"，其天文才华可见一斑。可是，若干年后，哈雷从弗拉姆斯蒂德那里得来了另一个性质完全不一样的绰号"雷霉儿（Raymer）"。这是怎么回事呢？

说起来，弗拉姆斯蒂德和第谷的确有很多共同点。第谷发掘了开普勒，而在某种意义上，弗拉姆斯蒂德发掘了哈雷。格林尼治天文台刚准备建设那会儿，弗拉姆斯蒂德作为天文台第一任台长，到牛津大学去选助手。当时正读大二的哈雷在同龄人中脱颖而出，从此逐渐成为公众关注的焦点。天文台建设得非常顺利，一切看起来相当不错。可是随着时间的推移，弗拉姆斯蒂德发现他和哈雷的性格不合。哈雷活泼好动，说起话来轻快幽默，不着边际的想法很多（比如，为什么星星有无数颗，夜晚还是黑的？），甚至有时会搞无伤大雅的恶作剧。这种个性在大部分人看来，当然是极具吸引力的，加上哈雷才华横溢，在公众影响力方面几乎是将弗拉姆斯蒂德秒杀。弗拉姆斯蒂德一是嫉妒，二是作为一个认真严肃的学者，他绝对不能容忍哈雷这样大大咧咧锋芒毕露地做学问，于是有段时间他大肆诽谤，传了许多哈雷的丑闻。从此这两个昔日志同道合的人变成了针锋相对的冤家，互相打着笔墨官司，绝不退让。其实哈雷是个大方的人，口才又好，几乎成了皇家学会的"专业调解员"。胡克和海维留（Hevelius）之争、牛顿和胡克之争、牛顿和莱布尼茨之争，均是有了哈雷的劝说才稍显平息。但哈雷容忍不了弗拉姆斯蒂德，在他眼里弗拉姆斯蒂德简直是个嫉妒心极强、吃饱了撑的欺负后辈、脾气怪异的家伙。而弗拉姆斯蒂德则认为哈雷浮夸自负，没有真本事，只靠发挥想象力、拉关系，就在皇家学会里混。更重要的是，哈雷貌似对神不敬。其实哈雷不过是试图用科学道理解释《圣经》里的一些奇异事件，例如大洪水。与此同时，弗拉姆斯蒂德仍以第谷自况，他觉得自己的境遇和第谷简直有异曲同工之妙。第谷也有个针尖对麦芒型的冤家，叫Raymers（赖默斯）。但弗拉姆斯蒂德可不敢自夸说自己就是第二代第谷啊，他只好说他的冤家哈雷是第二代Raymers，简称Raymer，似乎这样一来也就间接证明了自己与第谷有缘。

不过不管怎样，"南天第谷"和"雷霉儿"这两个绰号都挺来之不易的，浓缩了两个人之间的戏剧性的传奇。现在，人们（尤其在西方）谈到哈雷，习惯性地不直呼其名，而是称之为"彗星男"。当然，在其他书中，我们可以看到，哈雷还是"潮汐王子""地球物理学之父"等。还有哪个科学家能够享有如此多的绰号呢？

★测量英格兰和威尔士的总面积

一个皇家学会成员约翰·霍顿问哈雷：怎样才能够合理而准确地测量出英格兰和威尔士的总面积呢？版图是不规则的，直接对着地图，用尺子测量再计算显然太费功夫了。对于这个复杂的问题，哈雷用了一种独特的方式就轻松搞定了。他找来了当时最为精确的地图，贴在一块质地均匀的木板上，然后小心地沿着边界将地图上的英格兰和威尔士切下来，称其重量；再切下一块面积已知的木板（如10cm×10cm），称其重量。两块的重量之比也就是它们的面积之比，因此英格兰和威尔士在地图中的面积可以很容易算出。再根据比例尺进行放大，就可知两地区的实际面积了。他得出的结果与现在用高科技手段测量出的面积惊人吻合。

★哈雷与牛顿

从1680年起，哈雷就对开普勒的行星运动定律产生了疑问，询问胡克及皇家学会的一些会员时，无人能够解答。1684年8月，哈雷博士带着这个在婚前婚后整整困惑了他四年的问题，前往剑桥找到了牛顿。他们在一起待了一会儿之后，哈雷问牛顿，要是太阳的引力与行星离太阳距离的平方成反比，行星运行的曲线会是什么样子的？这里提到的是一个数学问题，名为平方反比律。哈雷坚信，这是解释问题的关键，虽然他对其中的奥妙没有把握。艾萨克·牛顿

马上回答说，"会是一个椭圆。"哈雷又高兴又惊讶，问他是如何知道的。"哎呀，我已经计算过。"牛顿说。接着，哈雷马上要他的计算材料。牛顿在材料堆里翻了一会儿，但是没找着。在哈雷的敦促之下，牛顿答应再算一遍，便拿出了一张纸。他按照诺言做了，但做得要多得多。有两年时间，他闭门不出，精心思考，涂涂画画，最后拿出了他的杰作——《自然哲学的数学原理》。并且，哈雷自费为牛顿出版了这本书。也就是说，由于哈雷的提问，才会诞生科学史上这部伟大的著作——《自然哲学的数学原理》。

3.2.2　黄道光的观测

夜晚的天空也并不是完全黑暗的，除了肉眼可见的恒星以及银河系弥漫的光辉之外，还能见到一些暗弱的辉光，特别是在日落后的西方或日出前的东方——这就是黄道光。中国在元朝初期就已有黄道光的观测记载。意大利天文学家 G.D. 卡西尼于 1683 年 3 月 18 日开始观测黄道光，最先进行系统研究。

导图

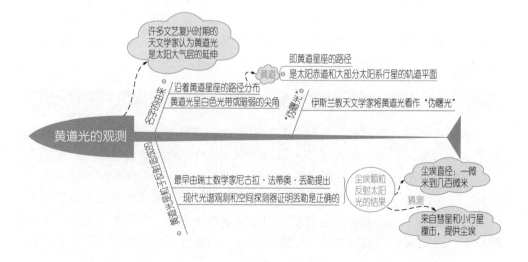

人物小史与趣事

★黄道光的起因

黄道光的起因主要是行星际尘埃对太阳光的散射。因此，黄道光光谱与太阳光谱极为相似。一般认为，行星际尘埃粒子是小行星被撞碎后或是彗星瓦解后的产物。基本上散布在黄道平面及其近旁，因此黄道光也就大致沿着黄道面伸展。此外，也许会有一小部分黄道光是由分布在行星际空间的电子云散射形成的。

3.2.3 潮汐的起源

运动是物质的存在方式。地球上的一切物质都在不断运动着。海水是液体，具有流动性，因此对外来的作用力非常敏感。海面的上升或下降，称为潮汐。第一个正确提出潮汐起源的人是英国数学家、物理学家和天文学家牛顿，他将地球、月亮和太阳联系到一起，在1686年发展出了万有引力和运动定律。

导图

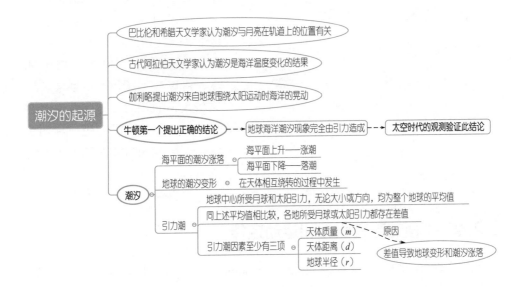

人物小史与趣事

★潮汐产生的原因

到过海边的人都知道，海水有涨潮与落潮现象。涨潮时，海水上涨，波浪滚滚，景色十分壮观；退潮时，海水悄然退去，露出一片海滩。我国古书上说："大海之水，朝生为潮，夕生为汐。"那么，潮汐究竟是怎样产生的呢？

古代，很多贤哲都探讨过这个问题，提出过一些假想。古希腊哲学家柏拉图认为，地球和人一样，也是要呼吸的，潮汐就是地球的呼吸。他猜想这是由于地下岩穴中的振动造成的，就像人的心脏跳动一样。随着人们对潮汐现象的不断观察，对潮汐现象的真正原因逐渐有了认识。我国汉代思想家王充在《论衡》中写道，"涛之起也，随月盛衰"。北宋名臣余靖（字安道）在《海潮图序》一文中说："潮之涨退，海非增减，盖月之所临，则水往从之。"他们都指出了潮汐与月球有关系。到了17世纪80年代，英国科学家牛顿发现了万有引力定律以后，提出了潮汐是由于月球和太阳对海水的吸引力引起的假设，从而科学地解释了潮汐产生的原因。

原来，海水随着地球自转也在不断旋转，而旋转的物体都受到离心力的作用，使得它们有离开旋转中心的倾向，这就如同旋转张开的雨伞，雨伞上水珠将要被甩出去一样。同时，海水还要受到月球、太阳和其他天体的吸引力，因为月球离地球最近，所以月球的吸引力较大。这样，海水就在这两个力的共同作用下形成了引潮力。由于地球、月球在不断运动，地球、月球与太阳的相对位置在发生周期性变化，因此引潮力也在周期性变化，这就使得潮汐现象周期性发生。

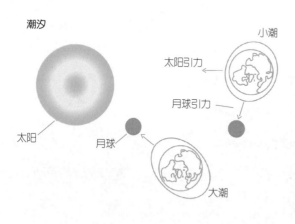

潮汐

太阳引力　小潮
月球引力
太阳
月球
大潮

3.2.4　牛顿的万有引力和运动定律

科学革命发起于阿里斯塔克斯（Aristarchus），他提出地球不是宇宙中心。

其后的两千年，科学战士前赴后继，不断将科学变革推向浪潮，而英国天才科学家牛顿更是将这场革命推至顶峰。牛顿在1687年出版的《自然哲学的数学原理》中描述了运动定律。牛顿的万有引力和运动定律彻底摧毁了地心说，并在200多年前成功地描述了行星的轨道运动，直到爱因斯坦证明这些是广义相对论这个更庞大理论的一个特定部分。

导图

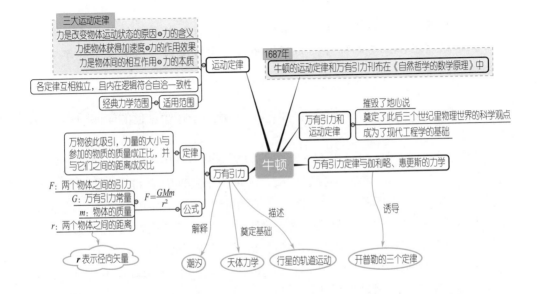

人物小史与趣事

牛顿

艾萨克·牛顿（Isaac Newton，1643—1727），英国皇家学会会长，英国著名的物理学家，百科全书式的"全才"，著作包括《自然哲学的数学原理》《光学》等。

他通过论证开普勒行星运动定律与他的引力理论间的一致性，展示了地面物体和天体的运动都遵循着相同的自然定律；为太阳中心说提供了强有力的理论支持，并推动了科学革命。

★苹果与万有引力

长期以来，牛顿认为一定有一种神秘的力存在，是这种无形的力拉着太阳系中的行星围绕太阳旋转的。但是，这到底是怎样的一种力呢？

知识链接

万有引力定律

自然界中任何两个物体都是相互吸引的，引力的大小与两物体的质量的乘积成正比，与两物体间的距离的二次方成反比，作用方向在两个物体的连线上。

直到有一天，一个苹果落到他的脚边，牛顿终于顿悟，他的问题也逐渐被解决了。

传说1665年秋季，牛顿坐在自家院中的苹果树下苦思着行星绕日运动的原因。此时一只苹果恰巧落在牛顿的脚边。这是一个发现的瞬间，这次苹果下落与以往无数次苹果下落不同，因为它引起了牛顿的注意。牛顿从苹果落地这一理所当然的现象当中找到了苹果下落的原因——引力的作用，这种来自地球的无形的力拉着苹果下落，就像地球拉着月球，使月球围绕地球运动一样。

这个故事据说是由牛顿的外甥女巴尔顿夫人告诉伏尔泰之后流传起来的，伏尔泰将它写入《牛顿哲学原理》一书中，牛顿家乡的这棵苹果树后来被移植到剑桥大学院内。

牛顿去世之后，他被当作发现宇宙规律的英雄人物继而被赋予传奇色彩，牛顿与苹果的故事更是广为流传，但是事实是否如此却无从找到其他史料进行考证。

3.2.5　恒星自行运动的发现

在天文学历史中，在相当长的时间内，人们一直认为恒星固定不动地镶嵌在空中。经过许多杰出天文学家的努力，恒星这个概念才被赋予了更为丰富的内涵。哈雷（Edmond Halley，1656—1742）在比较了1718年亮星的位置和公元前2世纪伊巴谷（Hipparkhos）记录的恒星位置，找到了恒星不固定的证据。

导图

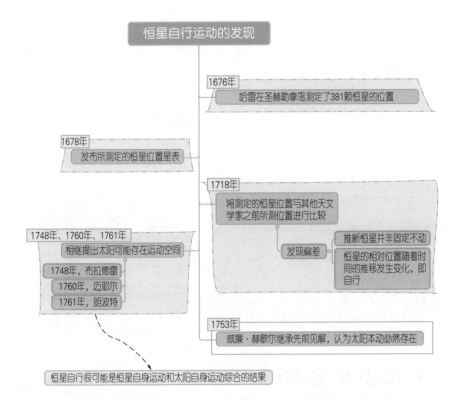

3.2.6　行星状星云的发现

　　行星状星云是指外形呈圆盘状或环状的并且带有暗弱延伸视面的星云，属于发射星云的一种。行星状星云与行星绝无相同之处，之所以得名是因为在望远镜中它们所呈现的椭圆面。现在已知的行星状星云有1000多个。行星状星云大小相同，表面明暗不同使它们各有特征。梅西耶将一种星云用1764年发现的天体M27做代表，M27和与其相似的天体呈现一种环状的模糊外表，看上去很像是当时用望远镜看到的巨大行星，因此天文学家威廉·赫歇尔（William Herschel，1738—1822）称它们为行星状星云。

导图

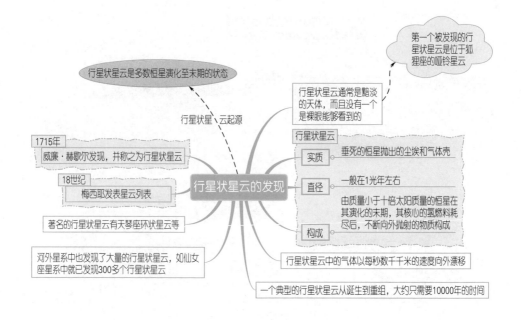

行星状星云是多数恒星演化至末期的状态

第一个被发现的行星状星云是位于狐狸座的哑铃星云

行星状星云通常是黯淡的天体，而且没有一个是裸眼能够看到的

行星状星云

行星状　云起源

1715年
威廉·赫歇尔发现，并称之为行星状星云

18世纪
梅西耶发表星云列表

行星状星云的发现

著名的行星状星云有天琴座环状星云等

河外星系中也发现了大量的行星状星云，如仙女座星系中就已发现300多个行星状星云

实质
垂死的恒星抛出的尘埃和气体壳

直径
一般在1光年左右

由质量小于十倍太阳质量的恒星在其演化的末期，其核心的氢燃料耗尽后，不断向外抛射的物质构成

构成

行星状星云中的气体以每秒数千千米的速度向外漂移

一个典型的行星状星云从诞生到重组，大约只需要10000年的时间

人物小史与趣事

★最美丽的行星状星云——狐狸座哑铃星云

在全天的行星状星云中，狐狸座哑铃星云无疑是最美丽的一个，它列于梅西耶星团星云列表的第27位，因此又称为M27星云。在行星状星云中，哑铃星云并不是最大的，也不是最亮的。由于较大的行星状星云均比较暗，而最亮的行星状星云又很小，因此狐狸座的哑铃星云就成了最容易观测的行星状星云。在天箭座 γ 星以北3°处，很容易找到M27，甚至利用小望远镜都可以一下子辨认出来。狐狸座哑铃星云是个很美丽的天体，它很明亮，视星等为7.6等。在满布恒星的星空背景中，它仍显得很突出，其形状像两个圆锥顶对顶对接起来的哑铃，因此被称为哑铃星云；用口径6英寸的望远镜观看，显得非常清晰动人。

当利用更大的望远镜观测时，能够看到柔和的蓝绿色的光晕包围在"哑铃"的周围。利用大望远镜照相观测表明，光晕的长轴方向的方位角为125°，12等的核星很明显地靠近哑铃形的西边缘。但是，天文学家维波注意到那里有几颗和星云并无物理联系的暗星。那颗12等的核星是很难辨认出来的。此外，在哑铃星云以北25分处，仅仅有一颗5等星，它就是狐狸座14星。

★爱斯基摩星云

爱斯基摩星云，又叫作NGC 2392，它是天文学家威廉·赫歇尔（Friedrich Wilhelm Herschel）在1787年发现的，由于从地面看去，它就像是一颗戴着爱斯基摩毛皮兜帽的人头，因此得到了这种昵称。在2000年时，哈勃太空望远镜为它拍摄了一张照片，发现这个星云有着非常复杂的云气结构，这些结构的成因仍然不完全清楚。但无论如何，爱斯基摩星云是个如假包换的行星状星云，而影像中的云气是由一颗很像太阳的恒星在一万年前抛出来的外层气壳。在影像中，清楚可见星云内层丝状结构，是强烈恒星风所抛出的中心星物质，而外层碟状区，有着许多长度为1光年的奇特橘色指状物。

★猫眼星云

猫眼星云（Cat's Eye Nebula，NGC 6543）位于天龙座，这个星云最特别的地方在于其结构几乎是所有有记录的星云当中最为复杂的一个。从哈勃太空望远镜拍得的图像显示可以看出，猫眼星云拥有绳结、喷柱、弧形等各种形状的结构。这个星云是最被广为研究的星云之一，它的视星等为8.1等，拥有高表面光度，其高赤纬度意味着北半球的观测者可较易看到。由于该星云处于接近正北黄极点的位置，因此在良好天气的情况下，只要在黄极点附近寻找，应该不难找到。

3.2.7　梅西耶星表

查尔斯·梅西耶（Charles Messier）是最早验证了哈雷彗星在1758～1759年回归的天文学家之一。在他观测金牛座的另一颗彗星状斑点时，梅西耶发现这个斑点相对恒星没有运动。他对这一结果做了记录。在接下来的十几年间，梅西耶继续观测彗星，并持续碰到这种云状星云，他将这些天体用字母M加上一个序号进行标明。1771年，梅西耶出版了包含45个天体的《星云星团表》。

导图

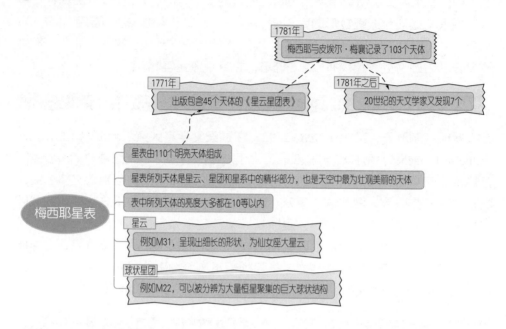

1781年
梅西耶与皮埃尔·梅襄记录了103个天体

1771年
出版包含45个天体的《星云星团表》

1781年之后
20世纪的天文学家又发现7个

梅西耶星表

星表由110个明亮天体组成

星表所列天体是星云、星团和星系中的精华部分，也是天空中最为壮观美丽的天体

表中所列天体的亮度大多都在10等以内

星云
例如M31，呈现出细长的形状，为仙女座大星云

球状星团
例如M22，可以被分辨为大量恒星聚集的巨大球状结构

人物小史与趣事

查尔斯·梅西耶

查尔斯·梅西耶（Charles Messier，1730—1817），法国天文学家，他的成就在于给星云、星团和星系编上了号码，并制作了著名的"梅西耶星团星云表"。后人为了纪念梅西耶，将月球上一个陨石坑命名为"梅西耶"，另外7359号小行星亦以他名字命名。法国国王路易十四开玩笑地称呼他是"彗星的侦探"。

★梅西耶天体

梅西耶天体指由十八世纪法国天文学家梅西耶所编的《星云星团表》中列出的110个天体。1774年发表的《星云星团表》第一版记录了45个天体，编号由M1至M45。1780年增加至M70。翌年发表的《星云星团表》最终版共收集了103个天体（至M103）。现在梅西耶天体包括110个，M104至M110是后人将由梅西耶及他朋友梅襄（Pierre Méchain）所发现而未被编入《星云星团表》的天体加入的。

　　不过后人发现，M40是大熊座当中的一对双星，M73（NGC6994）是宝瓶座中的一组小星群，而M102据说于1781年被梅襄"发现"，1783年他又否认，在他给柏林的贝努里的通信中说那是M101的观测结果的重复记录。因此实际上梅西耶等人观测到的深空天体是107个。M40、M73、M102常被称为"遗失的梅西耶天体"。

　　梅西耶本身是个彗星搜索者，他集结这个天体目录是为了将天上形似彗星而并非彗星的天体记下，以方便他在寻找真正的彗星时不会被这些天体混淆。

3.2.8　拉格朗日点

　　牛顿方程可以容易地用以解答两个物体之间的引力，例如地球和月亮，或地球和太阳。但在计算与第三个天体之间的引力时却会出现问题。第一个解决这个问题的就是法国数学家拉格朗日，他在1772年发表的论文《三体问题》中，为了求得三体问题的通解，他用了一个非常特殊的例子作为问题的结果，即：如果某一时刻，三个运动物体恰好处于等边三角形的三个顶点，那么给定初速度，它们将始终保持等边三角形队形运动。他在1772年预言，任何包含2个大质量和1个小质量的三体系统中都存在5个特殊的点，在这些特殊点上三个天体的引力相互平衡，这些特殊点称作拉格朗日点。

导图

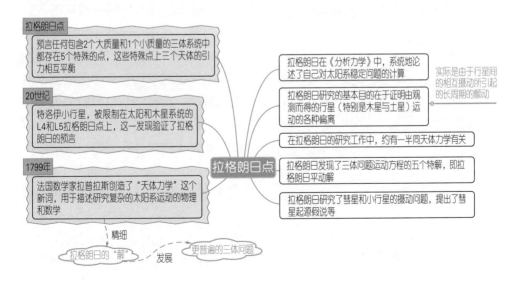

拉格朗日

人物小史与趣事

约瑟夫-路易斯·拉格朗日（Joseph-Louis Lagrange，1736—1813），法国著名数学家、物理学家。他在数学、力学和天文学三个学科领域中均有突出贡献，其中尤其以数学方面的成就最为突出。在拉格朗日的研究工作当中，约有一半同天体力学有关。

★三体问题运动方程的五个特解

在天体运动方程解法中，拉格朗日的重大历史性贡献是发现三体问题运动方程的五个特解，即拉格朗日平动解。其中两个解使三体围绕质量中心作椭圆运动过程中，永远保持等边三角形。他的这个理论结果在100多年后得以证实。1907年2月22日，德国海德堡天文台发现了一颗小行星[后来命名为希腊神话中的大力士阿基里斯（Achilles），编号588]，其位置正好与太阳和木星形成等边三角形。到1970年前，已发现15颗这样的小行星，均以希腊神话中特洛伊（Troy）战争中将帅们的名字命名。有9颗位于木星轨道上前面60°处的拉格朗日特解附近，名为希腊（Greek）群；有6颗位于木星轨道上后面60°处的解附近，名为特洛伊（Trojan）群。1970年以后又继续发现40多颗小行星位于此两群内，其中我国紫金山天文台发现4颗，但尚未命名。至于为何在特解附近仍有小行星，是由于这两个特解是稳定的。1961年，又在月球轨道前后发现与地月组成等边三角形解处聚集的流星物质，是拉格朗日特解的又一证明。至今尚未找到肯定在三个拉格朗日共线群（三体共线情况）处附近的天体，这是因为这三个特解不稳定。另外，拉格朗日对于一阶摄动理论也有重要贡献，他提出了计算长期摄动的方法，并与拉普拉斯一起提出了在一阶摄动下的太阳系稳定性定理。

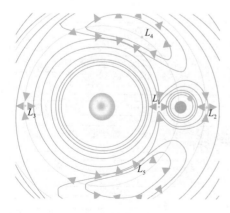

5个拉格朗日点

4

近代天文学时期

（1780年 ~ 1899年）

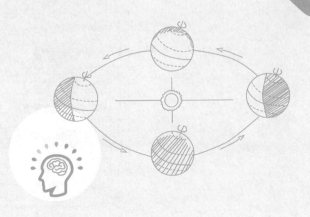

　　18世纪和19世纪是近代天文学的发展时期，由于分光学、光度学和照相术的广泛应用，天文学开始朝着深入研究天体的物理结构和物理过程发展，诞生了天体物理学。由于技术的发展，天文望远镜及其终端设备、附属配件的性能越来越好，这就使天体测量的精确度日益提高，从而产生了一系列重大发现。

导图

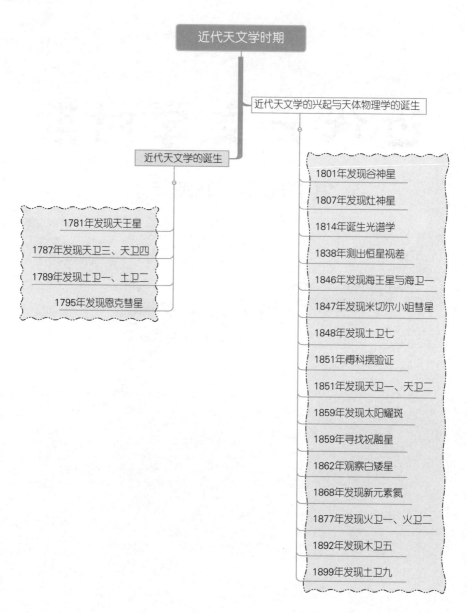

4.1 ☀近代天文学的诞生

4.1.1　天王星及天卫三、天卫四的发现

按距离太阳的远近来看，天王星是大行星中的第七颗。第一个发现这颗全新行星的是威廉·赫歇尔，于1781年发现的。1787年，赫歇尔制作了天文望远镜，通过仔细观测，再加上其妹卡罗琳·赫歇尔的帮助，赫歇尔发现了天王星的新卫星。

导图

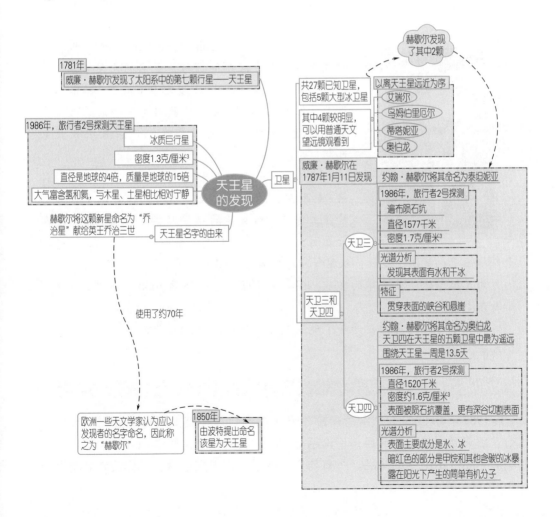

人物小史与趣事

威廉·赫歇尔

威廉·赫歇尔（William Herschel，1738—1822），18世纪最伟大的恒星天文学家。恒星天文学的创始人，被誉为"恒星天文学之父"。1774年，威廉·赫歇尔和妹妹一起做了一架放大40倍的牛顿式望远镜。赫歇尔观测天象五十余年，总共数了117600颗星星。赫歇尔也是制造望远镜最多的天文学家。

他用自己设计的大型反射望远镜发现天王星及其两颗卫星、土星的两颗卫星、太阳的空间运动、太阳光中的红外辐射；编制成第一个双星聚星表，出版星团和星云表；还研究了银河系结构。

约翰·赫歇尔

约翰·赫歇尔（John Herschel，1792—1871），出生于英国白金汉郡的斯劳，著名的天文学家、数学家、化学家及摄影师，天文学家威廉·赫歇尔的儿子，他的姑姑卡罗琳·赫歇尔也是著名的天文学家。约翰·赫歇尔首创以儒略纪日法来纪录天象日期。

被誉为"一个时代最伟大的科学家"之一的约翰·赫歇尔，继承了父业，参与创建英国皇家天文学会工作；核对父亲的双星聚星表，从中新发现星云星团525个；他还对南天进行观测，共记录68948个包括恒星、星团、星云、双星等在内的天体，测定了许多恒星的亮度。

为了纪念他对天文学的贡献，国际天文学联合会将第2000号小行星命名为赫歇尔小行星。

赫歇尔一家的努力，开辟了观测天文学时代，为20世纪的天文学发展建筑了舞台。

★音乐界和天文学界的双星

1981年4月25日，"纪念赫歇尔音乐演奏会"在英国格林尼治海军大学举行。那天演出的所有节目，不论是交响乐、奏鸣曲还是协奏曲，全部都是当年威廉·赫歇尔创作的作品。所有与会的音乐家与天文学家，都称赞威廉是世上少有的"音乐界和天文学界的双星"。

威廉在音乐上的杰出成就，大概与遗传基因有关。他的父亲艾萨克是一位双簧管手，在禁卫军乐团服役。因此，威廉从小就喜欢音乐，且很早就显露出了这方面的天赋。威廉在4岁时就跟随父亲学习拉小提琴，后来开始学习吹奏双簧管，并且很快成为一名出色的双簧管演奏者。但由于家庭遇到困难，威廉在16岁就离开了学校，与其父亲一样加入了禁卫军乐团，在那里担任小提琴和双簧管演奏员。"七年战争"爆发后，威廉不堪忍受战争之苦，设法脱离了军队，逃亡到英国，并且凭借着自己在音乐上的才华，成为一位小有名气的作曲家，他还先后担任过音乐教师、演奏师，每周指导的学生多达35名。

威廉在演出和作曲之外，利用闲暇时间学习英文、意大利文和拉丁文，同时，广泛阅读牛顿、莱布尼茨等科学家的自然哲学、数学、物理学著作。据说，威廉的父亲不仅精通乐理，还是一名天文爱好者。在父亲的影响下，威廉也对天文知识产生了浓厚的兴趣。为了研究乐理，他开始钻研剑桥的罗伯特·史密斯的《注音》。结果他意外地从该书提供的线索中，买到了史密斯撰写的两卷本经典著作《光学》，这是一部能够在理论和实践上对制作望远镜和显微镜有指导性作用的光学著作，其中一章名为"望远镜对恒星的发现"，这些内容激发了威廉从事观测、研究天体的强烈愿望和雄心。从此，他走上了研究天体的道路。

★当望远镜遇上赫歇尔

威廉·赫歇尔对望远镜的贡献是无与伦比的，他是制造望远镜最多的天文学家。据说，威廉一生共制作了四百多支望远镜，这些望远镜不少还卖给其他天文学家，其中有一台还被送往了中国。而他制作的这些望远镜的镜头，全部都是由他亲手磨制而成的。

从1773年起，他就亲自动手磨制镜头，足足磨了半个世纪。这是一项极枯燥又繁重的体力加智慧的工作，要将一块坚硬的铜盘磨成规定的极其光洁的凹面形，表面误差要比头发丝还要细许多倍，中途还不得停顿，其难度可想而知。因此有时他要连续干上10多个小时，吃饭时只能够由他的妹妹来喂他。开始时他连连失败了200多次，以至他的一个弟弟终于失去了耐心，颓丧地离他而去。直至1774年他才尝到了成功的滋味，制成了一架口径15厘米、长2.1米的反射望远镜。此后，他开始使用这架望远镜进行星空"巡视"观测工作。

威廉的星空巡视工作，对于天文学的发展具有重要的意义。被后人称为"第一期星空巡视"的工作历时长达19年。1781年，威廉在第三次全面观测星

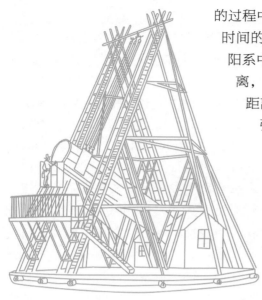

的过程中，发现了一颗新的行星。经过一段时间的观测之后，天文界终于确定这是太阳系中的一颗新行星，它与太阳之间的距离，比当时所知最远的行星——土星的距离远了一倍。威廉发现新行星的消息引起了天文界极大的轰动，它后来被命名为天王星（取自希腊神话中土星父神的名字），而威廉也随之声名大噪。

荣誉和名气成为威廉刻苦研究的动力。在英王乔治三世的大力支持下，他通过3年多的不懈努力，终于在1789年他51岁时，制造出了称雄世界多年的最大望远镜，其镜筒直径达1.5米，差不多要3个人才能合围，镜筒长12.2米，竖起来有4层楼高，光是镜头就重2吨！这架像巨型大炮似的望远镜在使用的第一夜，便发现了土星的第一颗卫星——土卫二，2个月后又发现了土卫一。

威廉的这些成就，全部都是他自学成才的结果。

知识链接

赫歇尔望远镜

赫歇尔望远镜以英国天文学家威廉·赫歇尔的名字命名，是一台大型远红外线望远镜。宽4米，高7.5米，是迄今为止人类制造的最大远红外线望远镜。2013年4月29日，赫歇尔空间天文台因为制冷剂耗尽而结束任务。

★ "星界鸳鸯"

在太空中，也存在着形影不离、互相绕转着的"星界鸳鸯"，天文学家把它们称为双星。因彼此引力作用而沿着轨道互相环绕运动的两颗星，称为物理双星。从远处看彼此很靠近，但实际上在空间相距很远，并不互相环绕运动的两颗星，称为光学双星。组成双星的两颗星均称为双星的子星。天狼、南门二、五车二、南河三、角宿一、心宿二、北河二、北斗一和参宿三等著名亮星都是双星。

双星

双星由两颗绕着共同的重心旋转的恒星组成。对于其中一颗来说，另一颗就是其伴星。相对于其他恒星来说，它们的位置看起来非常靠近。

双星的颜色五彩缤纷，两颗子星又双双争艳。双星的主星质量有比伴星大的，也有比伴星小的。从双星的子星分类来看，有的子星是爆发变星，有的则是脉动变星，还有的是白矮星，也有的是中子星，甚至是黑洞。有的双星包含在聚星之中。许多星团又包括了双星。

双星是天体物理学中一个重要研究课题，而且双星的研究在天文学中占有重要的地位，分析双星的轨道运动，首次在太阳系外验证了万有引力定律。大辐射X射线双星是探测黑洞最有希望的场所。通过对某些双星的研究，能够更加可靠地直接定出子星的质量。对于食双星光变曲线的研究可得知其子星的形状和大小。

1782年，威廉编制成了第一个双星表，他发现了多数双星不是表面上的光学双星，而是真正的物理双星。威廉一生中共发现了848对双星，并且证实了维系着双星的是牛顿的万有引力理论，其运动则遵循着开普勒定律。而威廉的儿子约翰发现的双星则多达3347对。

★父与子的研究

由于天文学的研究需要花费大量的时间，威廉直到50岁才娶了一位非常富有、同时又全力支持他工作的寡妇玛丽为妻。1792年，约翰·赫歇尔出生于威廉的观测楼内。而他的这个独生子出世时，威廉已经54岁了。俗话说得好，"虎父无犬子"，在这样一个天文学世家里，约翰的科学成就自然也十分卓著。约翰是英国著名的天文学家、数学家、化学家及摄影师，是英国天文学会理事会创始人之一，而且是它的第一任国外书记。约翰甚至被誉为"一个时代最伟大的科学家之一"。

1807年，约翰·赫歇尔进入剑桥大学圣约翰学院，他的成绩十分优异。约翰早期的数学成就已不凡，21岁便当选为皇家学会会员，但他却转而去学习法律了。

1816年，24岁的约翰回到了斯劳，他接替78岁高龄的父亲承担大量的观测工作，在父亲指导下制造望远镜，同时还继续研究纯数学。为了将父亲的巡天和恒星计数工作扩展到南天，约翰在1834年初，携妻子和3个孩子前往非洲好望角，在那里工作了4年，并且编制了南天的星云星团表。1838年，约翰返回伦敦，他花费了数年时光撰写南天普查工作的详细总结，但直到1847年才发表。约翰还写了一本科普书——《天文学概要》，介绍当时天文学发展的最新成就，在1849年出版，很受欢迎，被翻译成多国文字并出版。1859年，该书由李善兰和伟烈亚力合作翻译成中文，书名为《谈天》，在当时的中国引起了不小的反响。约翰于1849年写成的《天文学纲要》，在几十年内一直是普通天文学的标准教本。

在核对父亲的双星聚星表的过程中，约翰从中新发现了525个星云星团；在对南天进行观测的过程中，约翰共记录68948个包括恒星、星团、星云、双星等在内的天体，并且测定了许多恒星的亮度。他们父子均获得了英国皇家学会的科普利奖章。为了纪念他对天文学的贡献，国际天文学联合会把第2000号小行星命名为赫歇尔小行星。

约翰·赫歇尔在其他方面的兴趣包括化学和照相术，他首次发现了硫代硫酸钠能作为溴化银的定影剂，发明了很多有关照相的技术。他提出的"photography"（摄影）、"negative"（负片）及"positive"（正片）等名词，至今仍然为摄影家使用。古典摄影工艺蓝晒法（cyanotype）是他另一项重要的发明。1837年，在维多利亚女王加冕典礼上，约翰被封为准男爵。

4.1.2　土卫一、土卫二的发现

土星除了自带光环以外，更具有卫星众多的优越地位，至今已发现的土星卫星就已经超过了60颗。他们的大小以及距离土星的远近都不相同，著名天文学家威廉·赫歇尔在1789年发现了其中的两颗，分别是土卫一和土卫二。

导图

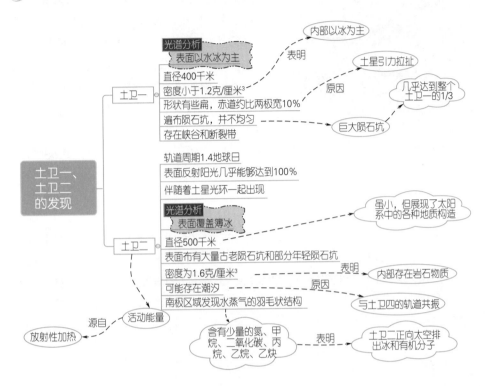

光谱分析
表面以水冰为主　→ 表明 → 内部以冰为主

土卫一
- 直径400千米
- 密度小于1.2克/厘米³
- 形状有些扁，赤道约比两极宽10%　→ 原因 → 土星引力拉扯
- 遍布陨石坑，并不均匀　→ 巨大陨石坑 → 几乎达到整个土卫一的1/3
- 存在峡谷和断裂带

土卫一、土卫二的发现

- 轨道周期1.4地球日
- 表面反射阳光几乎能够达到100%
- 伴随着土星光环一起出现

光谱分析
表面覆盖薄冰　→ 虽小，但展现了太阳系中的各种地质构造

土卫二
- 直径500千米
- 表面布有大量古老陨石坑和部分年轻陨石坑
- 密度为1.6克/厘米³　→ 表明 → 内部存在岩石物质
- 可能存在潮汐　→ 原因 → 与土卫四的轨道共振
- 南极区域发现水蒸气的羽毛状结构

放射性加热　← 源自 → 活动能量

含有少量的氮、甲烷、二氧化碳、丙烷、乙烷、乙炔　→ 表明 → 土卫二正向太空排出冰和有机分子

人物小史与趣事

★赫歇尔天文博物馆

　　赫歇尔天文博物馆是为了纪念著名天文学家威廉·赫歇尔所开设的天文博物馆。博物馆位于英国巴斯市，其前身为英国18世纪标志性住宅建筑，于1981年正式对外开放。

　　赫歇尔天文博物馆是著名的天文学家威廉·赫歇尔与卡罗琳·赫歇尔的故居。这个博物馆虽不是英国唯一一家对公众开放的天文博物馆，但像这样在乔治亚式住宅建筑里的天文博物馆还是极为少见的。与皇家新月楼（Royal Crescent，巴斯最为美丽、最为宏大的古建筑群）的富丽豪华不同，这里的房子不提供给游客住宿，而只租给长期居住的居民。

　　赫歇尔一家很多成员均是著名的天文学家或杰出的音乐家，赫歇尔天文博

博物馆展示的赫歇尔的天文望远镜模型

物馆主要收藏赫歇尔一家的众多成果。正是在这里，威廉·赫歇尔在1781年时用他自己设计的望远镜发现了天王星，该发现将当时已知的太阳系范围扩大了两倍。

此博物馆的资助人帕特里克·莫尔（Patrick Moore）曾这样描述威廉·赫歇尔："他是第一个可以准确合理地描绘出星系结构的人，也是当时最好的望远镜制作者，也可能是史上最伟大的天文观测者。"

4.1.3　恩克彗星的发现

天文学史中，女天文学家屈指可数，而德国的卡罗琳·赫歇尔就是其中一位。她出生在音乐世家，是知名女歌手。在哥哥威廉·赫歇尔的影响下，她成为了第一位发现彗星的女性天文学家。恩克彗星（2P/Encke）是所有彗星中最短、亮度微弱、凝聚度较小、一般不产生彗尾、出现次数最多的一颗彗星，于1795年被卡罗琳·赫歇尔发现。

导图

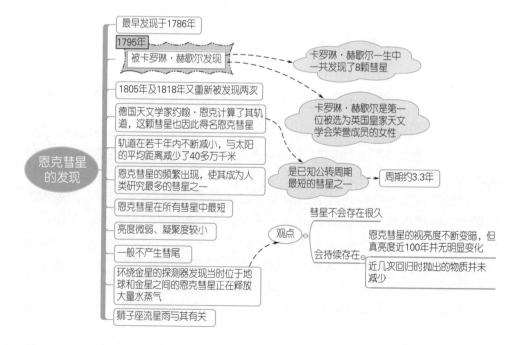

人物小史与趣事

卡罗琳·卢克雷蒂娅·赫歇尔（Caroline Herschel，1750—1848），英国天文学家，威廉·赫歇尔的妹妹。1772年，卡罗琳移居英国巴斯与当音乐家的哥哥威廉一起生活，并成为威廉·赫歇尔的全职助手。卡罗琳在1786年至1797年间发现了8颗彗星，在1786年8月1日发现了第一颗彗星——35P/Herschel-Rigollet。1797年，她向英国皇家天文学会提交了一份弗拉姆斯蒂德观测资料的索引，以及列出561颗英国星表（British Catalogue）中遗漏的恒星的勘误表。

1828年，英国皇家天文学会向她颁发金奖章，并在1835年推选她为该会的荣誉会员。1846年，她获普鲁士国王颁发的金奖章。

为了纪念她在天文学上的贡献，小行星281"卢克雷蒂娅"以她中间的名字命名，此外在月球的虹湾上也有一个名为叫C.赫歇尔的环形山。

★被认为是"灾星"的彗星

晴朗的夜晚仰望天空，繁星闪烁，景色动人。有时，人们会看到一种拖着一条尾巴的星星，这就是彗星。在我国人们通常形象地称其为"扫帚星"。因为有些彗星的尾部看起来好像是一把倒挂着的扫帚，所以人们就给它起了这样一个形象的名字。而实际上，汉字"彗"字就是"扫帚"的意思。在外文中，彗星这个词源自希腊语，原意是"尾巴"或"毛发"。

太阳的南北回归，月亮的阴晴圆缺，星星的出没隐现，日复一日、年复一年地在天空重复出现，人们早已习以为常，不足为奇了。但是每隔四五年或十几年，在天空中突然出现一颗亮的大彗星，由于它越来越大的奇特外貌，在科学还不发达的时候，常常引起人们的惊慌和恐惧，因此在过去，无论中国还是外国，都有人将彗星的出现看成是不吉利的预兆。

知识链接

彗星

彗星是进入太阳系内亮度和形状会随日距变化而变化的绕日运动

的天体，呈云雾状的独特外貌。彗星主要分为彗核、彗发、彗尾三部分。彗核主要由冰物质构成，当彗星接近恒星时，彗星物质升华，在冰核周围形成朦胧的彗发和一条稀薄物质流构成的彗尾。由于太阳风的压力，彗星总是指向背离太阳的方向形成一条很长的彗尾。彗尾一般长几千万千米，最长可达几亿千米。

公元前44年，天空中出现了一颗彗星，当时古罗马的大独裁者恺撒被暗杀。66年，耶路撒冷城的上空出现了彗星，不久这个城市被毁灭，因此人们便认为这是彗星预示的结果。451年，彗星又出现了，当时恰值罗马和匈奴发生了战争，人们将这两件事联系在一起。590年再次出现彗星，当时欧洲各国鼠疫成灾，人们又认为这是彗星带来的。更为令人可笑的是，葡萄牙国王阿方索六世在1664年看见彗星时，竟然用手枪向彗星射击。

在1910年初，世界各大报纸上刊载了令人恐慌的消息，说地球将要与哈雷彗星相碰。当时有人预言这次相碰将发生在1910年5月19日。虽然科学家们正确地指出这对地球没有丝毫危险，但仍有很多人对彗星产生巨大的恐惧，乃至认为世界末日就要到来了。僧侣们张贴了布告，号召信徒们举行虔诚的祈祷和斋戒。有很多人甚至掘好了深坑，准备到那一天藏在里面躲避天谴。

★终生未婚的女天文学家

威廉的妹妹卡罗琳·赫歇尔堪称一位了不起的女天文学家，她终生未婚，与哥哥朝夕相处了50年。在威廉的所有天文成就中，几乎都有她的一份功劳。

早在威廉做音乐家时，他就说服了母亲，将妹妹带到英国帮他操持生活。卡罗琳曾经是威廉圣乐团的主音，并且获邀出席伯明翰音乐节，但是她却推辞了这个演出机会。后来，威廉全身心投入天文学，卡罗琳则成为哥哥的全职助手。她不仅悉心照料家务，而且用极详细的日记，记录下了威廉整整50年的工作史。每天晚上，只要不受月光和天气等观测条件的妨碍，卡罗琳总要陪同哥哥一起观测夜空。同时，她也向威廉学习英语和数学。

1782年，威廉被英王乔治三世聘用为天文学家，卡罗琳也随着他迁往斯劳。在那里，卡罗琳协助威廉观测及计算数据。她在空余时间最大的兴趣就是透过一台小型牛顿式反射望远镜欣赏星空，这台望远镜让她于1783年发现了3个星云，于1786年至1797年间发现了8颗彗星，其中5颗在历史上曾被人观测过，包括恩克彗星。卡罗琳于1786年8月1日发现的第一颗彗星——35P/Herschel-Rigollet也是首颗被女性发现的彗星，让她赢得了不少赞誉。翌年，卡罗琳被乔治三世发薪聘用为威廉的助手。1797年，卡罗琳向英国皇家天文学会提交了一份弗拉姆斯蒂德观测资料的索引，并且给出了记录着561颗英国星表（British Catalogue）中遗漏的恒星的勘误表。

恩克彗星

恩克彗星（2P/Encke）是所有彗星中最短、亮度微弱、凝聚度较小、一般不产生彗尾、出现次数最多的一颗彗星。最早发现它是在1786年1月17日，直到1818年11月26日又发现后才由法国天文学家恩克用了6个星期的时间，计算出这颗彗星的轨道，周期为3.3年，并预言它会在1822年5月24日再回到近日点，果然它准时回来了，成了继哈雷彗星之后，第二颗按预言回归的彗星，人们称它为恩克彗星。

4.2 近代天文学的兴起与天体物理学的诞生

4.2.1 谷神星的发现

十八世纪末，天王星及十几颗太阳系新卫星的发现激励天文学家们投身于对天体更细致的分类和搜寻工作，其中朱赛普·皮亚齐监制了巴勒莫星表。作为星表工作的一部分，皮亚齐注意到了这颗谷神星。谷神星（Ceres）是太阳系中最小的、也是唯一位于小行星带的矮行星。由意大利天文学家皮亚齐发现，并于1801年1月1日公布。

导图

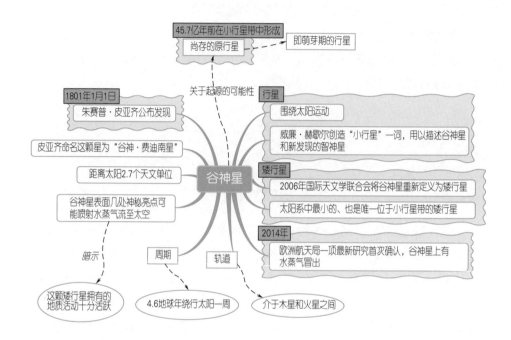

45.7亿年前在小行星带中形成

尚存的原行星 —— 即萌芽期的行星

关于起源的可能性

1801年1月1日
朱赛普·皮亚齐公布发现

皮亚齐命名这颗星为"谷神·费迪南星"

距离太阳2.7个天文单位

谷神星表面几处神秘亮点可能喷射水蒸气流至太空

谷神星

行星
围绕太阳运动

威廉·赫歇尔创造"小行星"一词，用以描述谷神星和新发现的智神星

矮行星
2006年国际天文学联合会将谷神星重新定义为矮行星

太阳系中最小的、也是唯一位于小行星带的矮行星

2014年
欧洲航天局一项最新研究首次确认，谷神星上有水蒸气冒出

暗示 —— 这颗矮行星拥有的地质活动十分活跃

周期 —— 4.6地球年绕行太阳一周

轨道 —— 介于木星和火星之间

人物小史与趣事

朱塞普·皮亚齐

　　朱塞普·皮亚齐（Giuseppe Piazzi，1746—1826），出生于意大利，是一名神父，也是一位天文学家。他曾于1779年于罗马出任神学教授，一年后又在巴勒莫学院出任数学教授。1790年，他于巴勒莫成立了一所官方天文台，并出任台长至1817年，之后又在那不勒斯成立另一所官方天文台。

　　皮亚齐最为人熟悉的事迹，便是在19世纪的第一天，发现了第一颗小行星，他给这颗星起名为谷神·费迪南星。前一部分是以西西里岛的保护神谷神命名的，后一部分是以波旁国王费迪南四世命名的。但国际学者们对此不满意，并将第二部分去掉了，因此第一颗小行星的正式名称是小行星1号谷神星。

★皮亚齐星

皮亚齐是西厄汀修道士兼牧师，他于1764年进入教会。他年少时受过哲学的训练，但他的后半生从事数学和天文学工作。那不勒斯（当时是一个独立的王国）政府决定在它两个最大的城市——那不勒斯和巴勒莫建立天文台，就委托皮亚齐来负责。皮亚齐到法国和英国旅行考察，在英国还拜访了赫歇尔。皮亚齐在赫歇尔那里没交上好运，因为他从大反射望远镜的梯子上摔了下来，跌断了一只手臂。

皮亚齐的天文台建在巴勒莫，1814年，他在星图上标出了7646颗恒星的位置。皮亚齐证明，哈雷首先发现的自行在恒星之间是普遍的现象，不是例外。皮亚齐也发现了称作天鹅座61号的暗星具有快得出奇的自行，这颗星在一代人之后当贝塞尔观测到它的时候起了重要的作用。可是，皮亚齐的主要成就中根本就不包括恒星。赫歇尔发现天王星后，天文界的学者们为发现另外的行星而跃跃欲试。天王星所在的位置，可以用一个数学法则预测，这个法则是波得推广的，所以叫作"波得定则"。按照这个法则，天文学家们认为火星和木星的轨道之间有一颗行星（甚至开普勒也评论过这两颗行星之间大得出奇的空隙）。一群德国天文学家（其中最杰出的是奥尔勃斯）准备彻底巡察天空以找出这颗行星，如果它真的存在的话。

天鹅座

天鹅座为北天星座之一，与银河两岸的天鹰座和天琴座鼎足而立，每年9月25日20时，天鹅星座升上中天。座内目视星等亮于6等的星有191颗，其中亮于4等的星有22颗之多。

正当德国天文学家们准备巡察天空的时候，1801年1月1日，皮亚齐在系统观测恒星的过程中偶然看见金牛座中的一颗星，它在几天的观测期内改变了位置。皮亚齐开始跟随这颗星的中线，它看起来是火星和木星之间的一颗行星，因为它的运动比火星慢得多，又比木星快得多。皮亚齐将这件事写信告诉波得（Johann Elert Bode），但在测定这颗星的轨道之前，皮亚齐病了。而当他回到望远镜旁的时候，这个天体离太阳太近而无法观测。在这个时候，高斯推出了一个只从三个适当的空间位置计算轨道的新方法。皮亚齐的观测是足够的，轨道算出来了，这颗行星被重新找到了，且被证明确实在火星和木星的轨道之间。这个新天体以和西西里密切相关的罗马女神的名字命名为谷神星。可是，这颗行星非常暗，因此猜测它的体积一定很小。赫歇尔估计它的直径为320千米，现代的数据是776千米。后几年又发现了3个行星，甚至都比谷神星小。它们被称作似星体（asteroid，"像恒星的"）。这名字是赫歇尔取的，因为它们太小了，在望远镜里显不出星面，看起来如同恒星的光点。有些人猜想，赫歇尔要将发现行星的权利留给他自己，因此鼓动不给这些新发现的天体取行星的名字。不过，"似星体"是一个蹩脚的名字，虽然它更通俗一些。现在已知的小行星超过1600个，因此皮亚齐发现的不只是一个行星，而是整整一圈行星。可是很遗憾的是，在皮亚齐死的时候，已知的小行星数目还只有4个。国际天文联合会将1923年发现的第1000号小行星命名为皮亚齐星。

小行星1000号（蓝）、行星（红）与太阳（黑）最外的行星轨道是木星。

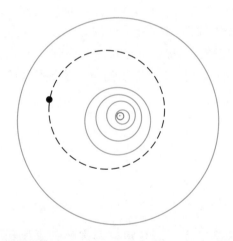

4.2.2　灶神星的发现

1801年，谷神星被发现不久后，紧接着智神星在1802年被发现，婚神星于1804年被发现。德国天文学家海因里希·奥伯斯参与了其中两颗小行星的发现过程。他认为，谷神星和智神星这样的天体可能是存在于火星和木星轨道之间的大行星碎裂残骸。于是奥伯斯开始着手搜寻更多的潜在行星碎块。1807年3月29日，德国天文学家海因里希·奥伯斯发现灶神星，以罗马神话中家和壁炉的女神维斯塔（Vesta）命名。

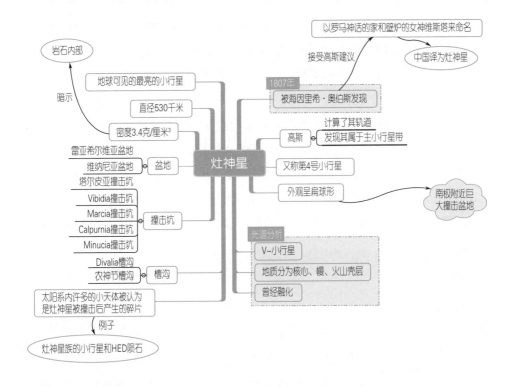

导图

- 以罗马神话的家和壁炉的女神维斯塔来命名
- 中国译为灶神星
- 接受高斯建议
- 岩石内部
- 暗示
- 地球可见的最亮的小行星
- 直径530千米
- 密度3.4克/厘米³
- 1807年 被海因里希·奥伯斯发现
- 计算了其轨道
- 高斯 发现其属于主小行星带
- 雷亚希尔维亚盆地
- 维纳尼亚盆地 盆地
- 塔尔皮亚撞击坑
- 灶神星
- 又称第4号小行星
- 外观呈扁球形
- 南极附近巨大撞击盆地
- Vibidia撞击坑
- Marcia撞击坑
- Calpurnia撞击坑 撞击坑
- Minucia撞击坑
- 光谱分析
- V-小行星
- 地质分为核心、幔、火山壳层
- 曾经融化
- Divalia槽沟
- 农神节槽沟 槽沟
- 太阳系内许多的小天体被认为是灶神星被撞击后产生的碎片
- 例子
- 灶神星族的小行星和HED陨石

人物小史与趣事

海因里希·奥伯斯（Heinrich Wilhelm Olbers，1758—1840），德国天文学家，1781年毕业于格廷根大学医学系。然后在不来梅行医，但总是在天文观测中度过他的夜晚。他把自己住所的顶层变成了一座天文台。他起初酷爱研究彗星，并于1797年研究出一种确定彗星轨道的方法，这种方法至今还在应用。他一共发现了5颗彗星，于1815年发现的那颗至今仍称为奥伯斯彗星。在寻找火星与木星间隙内的那颗行星的行列中，奥伯斯是领导人物之一。

海因里希·奥伯斯

★奥伯斯之谜

虽然皮亚齐的发现首开了记录，但奥伯斯却在高斯算出其轨道之后重新发现了这颗行星。他于1802年发现了智神星，于1807年发现了灶神星。奥伯斯首先提出这些小行星起源于一颗中等大小的行星的爆炸，那时这颗行星正在如今的小行星带内某个轨道上运行。今天还有许多人认为这是一种颇有价值的主张。人们发现的第1002号小行星被命名为奥伯利亚，以纪念奥伯斯。

以地球为中心，在宇观距离 r 为半径的静态球壳上，每一颗恒星被观测到的亮度与 r^2 成反比，球面上恒星数又与 r^2 成正比，两者相消，使得 r 球壳整体亮度与 r 无关；在无限的静态宇宙，r 可朝着无穷远积分，地面上无论白天还是黑夜观看天空，不仅各个方向亮度相同，而且都将是无限明亮，这就是奥伯斯之谜。

智神星

智神星（2 Pallas）是第二颗被发现的小行星，其平均直径为520千米，由德国天文学家奥伯斯于1802年3月28日发现。

4.2.3 光谱学的诞生

牛顿通过实验证明太阳光并非白色和黄色，而是由许多不同颜色的光组成的。这些光可以分解为一条光谱，因为不同颜色的光穿过介质时的折射方向不同。1814年，德国眼镜商夫琅和费开发了一种叫作光谱仪的工具，这种仪器带有一个特殊设计的棱镜，用于测量实验中谱线的位置或波长。夫琅和费用他的光谱仪观测到了500多条太阳光谱中的暗线，并以字母来命名，其中有些命名沿用至今。

导图

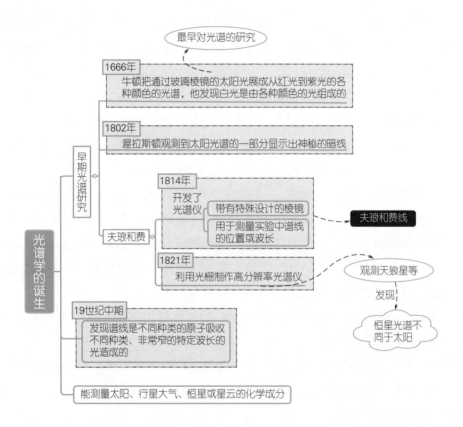

最早对光谱的研究

1666年
牛顿把通过玻璃棱镜的太阳光展成从红光到紫光的各种颜色的光谱，他发现白光是由各种颜色的光组成的

1802年
渥拉斯顿观测到太阳光谱的一部分显示出神秘的暗线

早期光谱研究

1814年
开发了光谱仪
　带有特殊设计的棱镜
　用于测量实验中谱线的位置或波长

夫琅和费线

夫琅和费

1821年
利用光栅制作高分辨率光谱仪

观测天狼星等

发现

恒星光谱不同于太阳

光谱学的诞生

19世纪中期
发现谱线是不同种类的原子吸收不同种类、非常窄的特定波长的光造成的

能测量太阳、行星大气、恒星或星云的化学成分

人物小史与趣事

约瑟夫·冯·夫琅和费（Joseph von Fraunhofer，1787—1826），德国物理学家。他曾设计制造了许多光学仪器，如消色差透镜、大型折射望远镜、衍射光栅等，在当时的物理界都是非常了不起的成果。夫琅和费最具影响力的贡献是发现并研究了太阳光谱中的吸收线，即夫琅和费线。

夫琅和费

★夫琅和费的一生

1787年3月6日，夫琅和费出生于慕尼黑附近的斯特劳斯，他是一个玻璃匠的第11个孩子，父母非常贫穷。夫琅和费11岁成为孤儿。1806年，夫琅和费在慕尼黑的一家玻璃作坊当学徒。

1801年，这家作坊的房子崩塌了，巴伐利亚选帝侯马克西米利安一世亲自带人将其从废墟中救起。马克西米利安一世十分爱护夫琅和费，并为其提供了书籍和学习的机会。8个月后，夫琅和费被送往著名的本讷迪克特伯伊昂修道院的光学学院接受训练，这所修道院十分重视玻璃制作工艺。

1818年，夫琅和费成为光学学院的主要领导。他设计和制造了消色差透镜，首创用牛顿环方法检查光学表面加工精度及透镜形状，对应用光学的发展起了重要的影响。夫琅和费所制造的大型折射望远镜等光学仪器负有盛名。由于夫琅和费的努力，巴伐利亚取代英国成为当时光学仪器的制作中心，连迈克尔·法拉第也只能甘拜下风。

1823年，夫琅和费担任慕尼黑科学院物理陈列馆馆长和慕尼黑大学教授，成为慕尼黑科学院院士。

1824年，夫琅和费被授予蓝马克斯勋章，成为贵族和慕尼黑荣誉市民。夫琅和费由于长期从事玻璃制作而导致重金属中毒，年仅39岁便与世长辞了。

4.2.4 恒星视差的测出

视差是因为观测者的位置变化而产生的天体的视运动。简单来说，当举起一根手指放在眼前时，左右眼交替闭合，会发现手指相对于背后的景物发生了位移，这就是视差。第一次成功测量出的恒星视差是贝塞尔在1838年使用量日仪测出的天鹅座61的视差。

导图

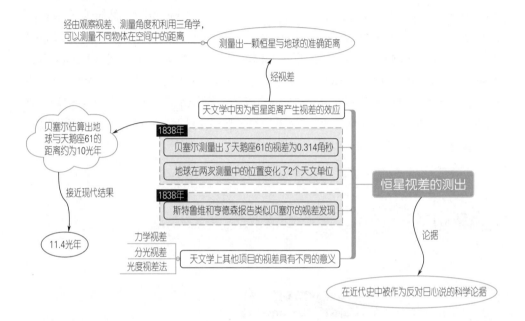

经由观察视差、测量角度和利用三角学，可以测量不同物体在空间中的距离

测量出一颗恒星与地球的准确距离

经视差

天文学中因为恒星距离产生视差的效应

贝塞尔估算出地球与天鹅座61的距离约为10光年

接近现代结果

11.4光年

1838年
贝塞尔测量出了天鹅座61的视差为0.314角秒
地球在两次测量中的位置变化了2个天文单位

1838年
斯特鲁维和亨德森报告类似贝塞尔的视差发现

力学视差
分光视差
光度视差法

天文学上其他项目的视差具有不同的意义

恒星视差的测出

论据

在近代史中被作为反对日心说的科学论据

人物小史与趣事

贝塞尔

贝塞尔（Friedrich Wilhelm Bessel，1784—1846），德国天文学家、数学家，天体测量学的奠基人之一。

贝塞尔在20岁时发表了有关彗星轨道测量的论文。1806年，他成为天文学家施勒特尔（Johann Hieronymus Schröter）的助手。1810年，他奉普鲁士国王之命，任新建的柯尼斯堡天文台台长，直至逝世。1812年，他当选为柏林科学院院士。

4.2.5　海王星与海卫一的发现

在发现天王星之后的几十年间，天文学家仔细地跟踪了其位置并修正了运动轨道。一些人注意到，利用牛顿万有引力定律预测的轨道与天王星在天空中实际经过的路线有些许差异。天文学家约翰·柯西·亚当斯（John Couch Adams，1819—1892）和法国数学家奥本·尚·约瑟夫·勒维耶（Urbain Jean Joseph Le Verrier，1811—1877）认为，这些差异可能是由另一颗未见的行星的牵引所导致的。1846年9月24～25日的夜里，勒维耶和德国天文学家约翰·格弗里恩·加勒一起在柏林天文台发现了第八颗大行星——海王星，这项发现宣告了牛顿引力理论的胜利。

导图

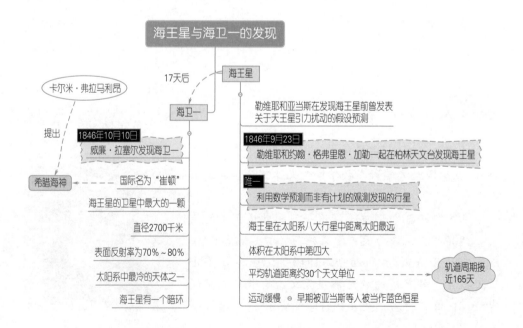

人物小史与趣事

约翰·格弗里恩·加勒（Johann Gottfried Galle，1812—1910），德国天文学家，海王星的发现者。他是根据法国天文学家勒维耶的计算结果进行观测的。

除发现海王星外，加勒也观察研究彗星，1894年时在他儿子协助下出版了彗星列表，一共收录414颗彗星。他本人也曾在1839年12月至1840年3月短短3个月间发现了3颗彗星。

为纪念加勒的贡献，国际天文联合会将月球和火星上各一个撞击坑和海王星的环以加勒之名命名。

约翰·格弗里恩·加勒

威廉·拉塞尔（William Lassel，1799—1880），英国天文学家。拉塞尔早年曾从事啤酒酿造行业，积聚了不少财富，从而可以毫无顾虑地发展其对天文学的爱好。

1846年，仅仅在德国天文学家约翰·格弗里恩·加勒发现海王星之后17天，拉塞尔就发现了海王星最大的卫星海卫一。1848年，他与美国天文学家邦德父子各自独立发现了土卫七。1851年，他又发现了天王星的两颗新卫星天卫一和天卫二。

1851年维多利亚女王访问利物浦时，拉塞尔是唯一一位女王特别要求会见的当地人。

1849年，拉塞尔获得了英国皇家天文学会金质奖章；从1870年开始，他担任了两年的英国皇家天文学会会长。

为了纪念他，月球、火星上各有一个撞击坑以他的名字命名；此外，还有一个海王星环被命名为拉塞尔环。

威廉·拉塞尔

★海卫一的地质情况

海卫一是一个地质活跃的卫星，它的表面年轻复杂。海卫一的大小、密度和化学组成与冥王星差不多，由于冥王星的轨道与海王星相交，因此海卫一也可能曾经是一颗类似冥王星的行星，后来被海王星捕获。因此，海卫一与海王星可能不是在太阳系的同一地区形成的，它有可能是在太阳系的外部形成的。即便如此，海卫一与太阳系的其他冻结卫星也有区别。海卫一的地形类似于天卫一、土卫二、木卫一、木卫二和木卫三，它还类似于火星的极地。

通过分析海卫一对"旅行者2号"轨道的影响，可以确定海卫一有一层冰的地壳，下面有一个很大的核（可能含有金属），这个核的质量大约占整个卫星质量的2/3，这样一来海卫一的核是继木卫一和木卫二后太阳系里第三大的。海卫一的平均密度为2.05克/厘米³，它的25%是冰。海卫一的表面主要由冻结的氮组成，但是它也含干冰（二氧化碳）、水冰、一氧化碳冰和甲烷（估计其表面还可能含有大量氨）。海卫一的表面非常亮，60%～95%的入射阳光被反射（相比而言月球只反射11%的入射阳光）。

★海卫一的观察和探索

1820年，威廉·拉塞尔开始自己磨制望远镜镜面。1846年9月23日，他使用自己磨制的望远镜发现了海王星。约翰·弗里德里希·威廉·赫歇尔获悉后，给拉塞尔写信，让他注意一下海王星是否有卫星。拉塞尔在他开始寻找卫星后的第8天（他发现海王星后的第17天）即10月10日发现了海卫一。拉塞尔还称发现了海王星的环。虽然后来证明海王星的确有环，但是它的环太暗了，是不可能被拉塞尔的望远镜发现的，拉塞尔观察到的可能是幻觉。海卫一被发现100多年后天文学家才开始发现其细节。他们发现海卫一的公转方向与海王星的自转方向是相反的，而且其倾角非常大，在"旅行者"飞越海王星前，曾经有人怀疑海王星有液氮的海洋和氮/甲烷组成的大气，这个大气层的密度可能达地球大气层密度的1/3，但这些估计后来被证明是完全错误的。

第一个试图测量海卫一直径的是杰拉德·柯伊伯（Gerard Peter Kuiper），他于1954年的测量数据为3800千米。此后不同测量获得的数据从2500千米到6000千米不等。但是，直到20世纪末"旅行者"飞越海王星时，人类才对海卫一有了更加细致的了解。在最早的"旅行者"发回的照片上海卫一呈粉红-黄色。1989年8月25日，"旅行者"抵达海王星时，它的数据使得科学家正确地估算海卫一的直径。虽然海卫一会影响"旅行者"的轨道，但是人们还是决定让"旅行者"飞越海卫一。

1990年，天文学家利用掩星继续观察海卫一，他们发现海卫一的大气比"旅行者"飞越时加厚了。

4.2.6　米切尔小姐彗星的发现

早期天文领域中，女性鲜有成功，18世纪的卡罗琳·赫歇尔开了先河，但在长达半个多世纪后，才有一位女性科学家在学术方面做出贡献，她就是玛莉亚·米切尔。1847年，米切尔利用她父亲的小天文台，发现了一颗只能用望远镜看到的暗弱的彗星。这颗彗星最终被命名为"米切尔小姐彗星"。

导图

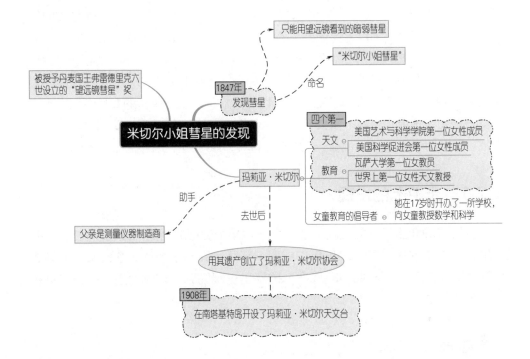

只能用望远镜看到的暗弱彗星

"米切尔小姐彗星"

被授予丹麦国王弗雷德里克六世设立的"望远镜彗星"奖

1847年　发现彗星　命名

米切尔小姐彗星的发现

四个第一

天文
- 美国艺术与科学学院第一位女性成员
- 美国科学促进会第一位女性成员

教育
- 瓦萨大学第一位女教员
- 世界上第一位女性天文教授

玛莉亚·米切尔

助手

父亲是测量仪器制造商

去世后

女童教育的倡导者　她在17岁时开办了一所学校，向女童教授数学和科学

用其遗产创立了玛莉亚·米切尔协会

1908年　在南塔基特岛开设了玛莉亚·米切尔天文台

人物小史与趣事

玛莉亚·米切尔（Maria Mitchell，1818—1889）

玛莉亚·米切尔是美国第一位女性天文学家，1818年生于马萨诸塞州楠塔基特岛，父母均为贵格会教徒，此教派认为男女皆可受平等教育，在当时的社会中，女性能受教育实属少数，这为其日后的伟大成就奠定了基础。

米切尔在1889年6月卒于故乡，后人为了纪念她伟大的成就，在故居旁成立了一座"米切尔天文

玛莉亚·米切尔

台"，并放置了她生前最爱的克拉克式折射望远镜。

★米切尔的成就

米切尔的父亲是测量仪器制造商，米切尔年轻的时候当过父亲助手，从事仪器试测工作。1836年，米切尔任楠塔基特岛图书馆管理员，于是她利用业余时间研究天文学。1865年，米切尔成为瓦萨学院第一位女天文学教授，她在那里任教23年之久。1848年，米切尔被选为美国艺术与科学院院士，她是该院第一位女院士，还是美国科学促进会、美国哲学会等的会员。1882年和1887年，米切尔先后获汉诺威大学和哥伦比亚大学博士学位。丹麦国王曾授予她金质奖章。米切尔在教学之余，长期从事星历表和航海天文历编制方面的计算工作，她的重要贡献是1947年发现一颗新彗星，成为世界第一位发现新彗星的女科学家。米切尔发表过关于木星和土星的重要论文。米切尔由于发现新彗星，受到美国人民的爱戴。在米切尔死后，人们为了怀念她，将其塑像陈列在美国名人纪念馆。

4.2.7　土卫七的发现

自从1789年土卫一被发现之后，在长达半个世纪的时间内没有再发现木星、土星、天王星的新卫星。1848年，威廉·邦德和乔治·邦德父子天文团队首先目视观测到新卫星，与此同时威廉·拉塞尔也观测到了这颗卫星，并首先向公众宣布了此事。

导图

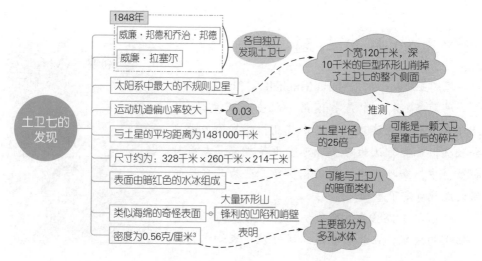

人物小史与趣事

威廉·邦德

威廉·邦德（William Cranch Bond，1789—1859），美国天文学家，哈佛大学天文台的首任台长。

1811 年，邦德同其他几位观测者一道各自独立发现了一颗彗星，这颗彗星后来成为明亮的大彗星，即 1811 年大彗星。他的儿子乔治·邦德也是一位著名的天文学家，父子两人共同做出了许多重要的发现。

★邦德父子的天文成就

1847 年 6 月 24 日，哈佛大学天文台从德国购置的口径 15 英寸（0.38 米）的折射式望远镜正式启用，这是当时世界上最大的折射式望远镜。利用该望远镜，1848 年，邦德父子发现了土卫七；1850 年 11 月，他们又共同发现了土星的第三个环——C 环。英国人威廉·拉塞尔也独立发现了土星 C 环和土卫七，仅仅比他们晚了几天。1847 年至 1852 年间，邦德父子与摄影先驱约翰·亚当斯·惠普尔一起使用 15 英寸望远镜进行了天体照相的工作，他们拍摄了月亮的照片，并且于 1851 年在英国伦敦举办的万国工业博览会上获奖。1850 年 7 月 16 日至 17 日夜，邦德父子和惠普尔（John Adams Whipple）使用银版照相法共同拍摄了织女星的照片，这是人类拍摄的第一张恒星的照片。1857 年，他们又一起拍摄了大熊座的开阳双星等照片。

4.2.8 傅科摆实验

日月和星星每天东升西落，这就是地球自转的证明，然而在没有卫星、空间探测器、超级计算机天文馆的时代，要令人们想象地球自转并不容易。因此，需要一个可以重复的、简单明了的物理实验来证明地球的自转。大量的实验中，最为著名的应当属莱昂·傅科的傅科摆实验。1851 年 1 月 3 日，32 岁的法国物理学家傅科证实了地球的自转。

图导

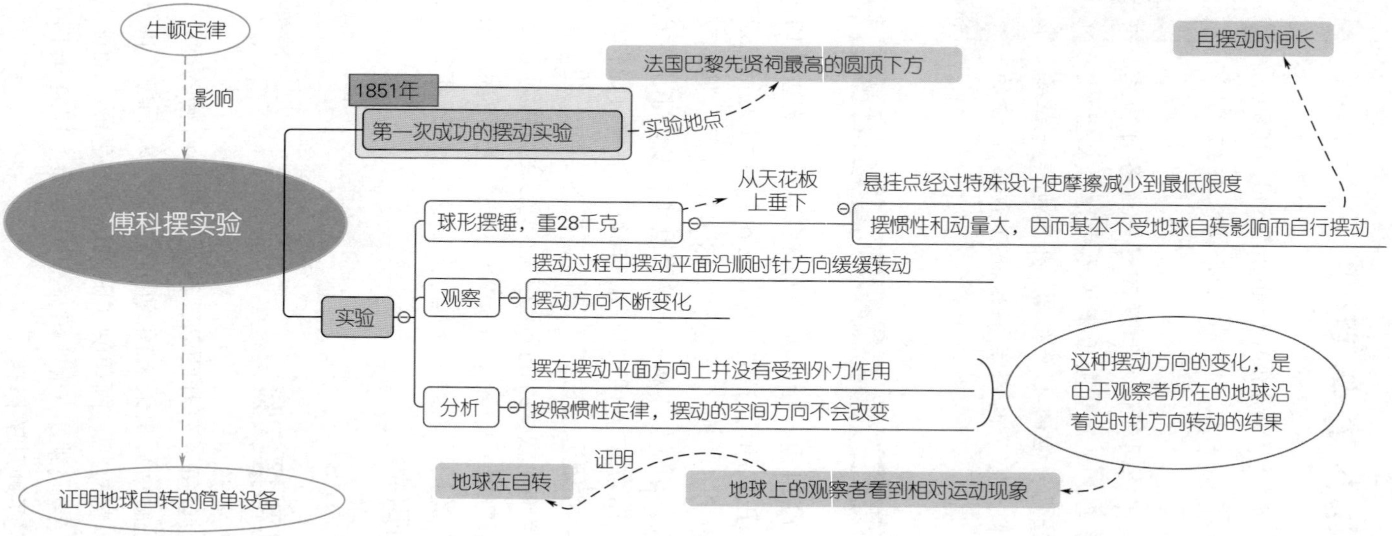

牛顿定律 → 影响 → 傅科摆实验 → 证明地球自转的简单设备

傅科摆实验

实验

- 球形摆锤：球形摆锤，重28千克，从天花板上垂下
- 观察：摆动过程中摆动平面沿顺时针方向缓缓转动，摆动方向不断变化
- 分析：摆在摆动平面方向上并没有受到外力作用，按照惯性定律，摆动的空间方向不会改变 → 证明 → 地球在自转

1851年 → 第一次成功的摆动实验

- 实验地点：法国巴黎先贤祠最高的圆顶下方
- 悬挂点经过特殊设计使由摩擦减小到最低限度
- 摆惯性和动量大，因而基本不受地球自转影响而自行摆动 → 且摆动时间长

这种摆动方向的变化，是由于观察者所在的地球沿着逆时针方向转动的结果 → 地球上的观察者看到相对运动现象

人物小史与趣事

莱昂·傅科（Jean-Bernard-Léon Foucault，1819—1868），他最著名的发明是显示地球自转的傅科摆。除此之外他还曾经测量光速，发现了涡电流。他虽然没有发明陀螺仪，但是这个名称是他起的。在月球上有一座以他的名字命名的撞击坑。傅科的"知识权利"哲学思想对后世也有很大影响。

★著名的傅科摆实验

1851年，傅科进行了著名的傅科摆实验。他根据地球自转的理论，提出在地球除了赤道以外的其他地方，单摆的振动面会发生旋转的现象，并且付诸实验。傅科选用直径为30厘米、重28千克的摆锤，摆长为67米，将它悬挂在巴黎先贤祠圆屋顶的中央，使它可以在任何方向自由地摆动。下面放有直径6米的沙盘和启动栓。如果地球没有自转，则摆的振动面将保持不变；如果地球在不停地自转，则摆的振动面在地球上的人们看来将发生转动。当人们亲眼看到摆每振动一次（周期为16.5秒），摆尖在沙盘边沿画出的路线移动大约3毫米，每小时偏转11°20′（即31小时47分回到原处）时，都目瞪口呆，有人甚至在久久凝视之后，说："确实觉得自己脚底下的地球在转动！"这个实验又曾移到巴黎天文台进行重做，结果相同。后来又在不同地点进行实验，发现摆的振动面的

旋转周期随地点而异，其周期正比于单摆所处地点的纬度的正弦，在两极的旋转周期为24小时。振动面旋转方向，北半球为顺时针，而南半球为逆时针。这个实验就是著名的傅科摆实验，它是地球自转的最好证明。

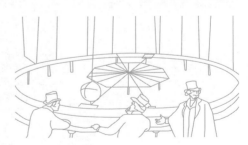

4.2.9　天卫一、天卫二的发现

英国天文学家威廉·拉塞尔一共发现了四颗太阳系卫星，其中两颗发现于1851年10月24日的同一个夜晚。这两颗新发现的卫星比天卫三、天卫四更靠近天王星。天卫一和天卫二分别被命名为阿里尔（Ariel）和昂布里尔（Umbriel）。

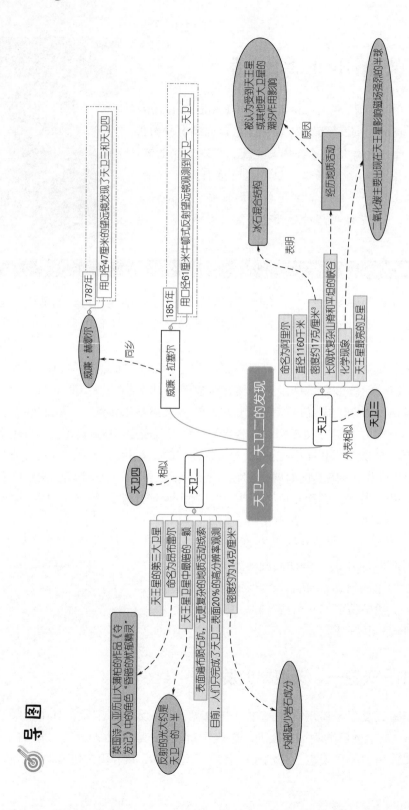

导图

天卫一、天卫二的发现

威廉·赫歇尔 — 同乡 — 威廉·拉塞尔

1787年
用口径47厘米的望远镜发现了天卫三和天卫四

1851年
用口径61厘米牛顿式反射望远镜观测到天卫一、天卫二

天卫一
- 命名为阿里尔
- 直径1160千米
- 密度约为1.7克/厘米³
- 长网状复杂山脊和平坦的峡谷
- 化学现象
- 天王星最亮的卫星

冰石混合结构

经历地质活动 — 原因 — 被认为受到天王星或其他重大卫星的潮汐作用影响

表明

一氧化碳主要出现在天王星影向天王星的半球

天卫一 — 外表相似 — 天卫三

天卫二 — 相似 — 天卫四

天卫二
- 天王星的第三大卫星
- 命名为乌姆布里尔
- 天王星卫星中最暗的一颗
- 表面满布陨石坑，无更复杂的地质活动线索
- 目前，人们只完成了天卫二表面20%的高分辨率观测
- 密度约为1.4克/厘米³

英国诗人亚历山大·蒲柏的作品《夺发记》中的角色"昏暗的忧郁精灵"

反射的光大约是天卫一的一半

内部缺少岩石成分

4.2.10　太阳耀斑的发现

太阳是太阳系中质量最大、能量最大和对我们来说最重要的天体，许多天文学家参与研究其内部活动。利用滤光片将太阳表面投影到屏幕上，天文学家能测量和观测类似黑子这样的太阳光表面特征。1859年9月1日的上午，英国天文爱好者卡林顿（Richard Christopher Carrington）在自己的天文观测室里对太阳黑子进行常规的观测。他发现，日面北侧一个大的复杂黑子群附近突然出现了两道极其明亮的白光，其亮度迅速增加，远远超过光球背景，明亮的白光仅维持了几分钟就很快消失了。同一天，英国天文学家霍奇森（Richard Hodgson）也看到了这次太阳上的突发现象。这是耀斑的第一次记录，也是白光耀斑的第一次记录。

导图

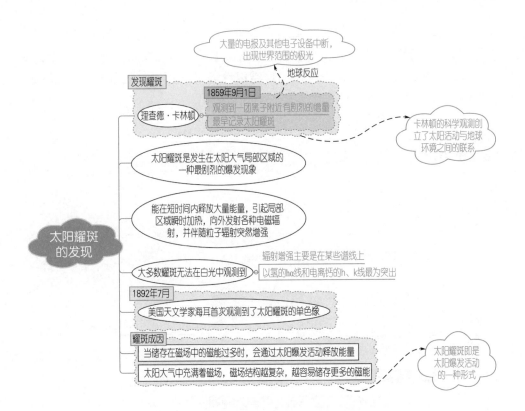

人物小史与趣事

★ "卡林顿事件"

19世纪，英国有一位叫作理查德·卡林顿的天文爱好者，他在伦敦附近造了一幢房子，在这间自己的天文观测室里日复一日地观测太阳，描绘着太阳表面的黑子。他将太阳的像投影在一块屏幕上，小心翼翼地把所看到的情况描绘下来。1859年9月1日早晨，卡林顿观测太阳黑子时，发现太阳北侧的一个大黑子群内突然出现了两道极其明亮的白光，在一大群黑子的附近正在形成一对明亮的月牙形的东西。另一位英国天文学家霍奇森也看到了这次太阳爆发，并且向英国皇家天文学会报告了他的观测结果。不过，人们还是将发现的荣誉给了卡林顿，称这次事件为"卡林顿事件"。

4.2.11　寻找祝融星

祝融星也叫火神星，是一个假设在太阳与水星之间运行的行星，这个十九世纪的假设被爱因斯坦的广义相对论所排除。祝融星最初由法国数学家勒维耶（Urbain Le Verrier）于1859年提出，他曾以计算天王星受到的外来重力而成功发现海王星，于是试图以同样的方法去寻找祝融星。

导图

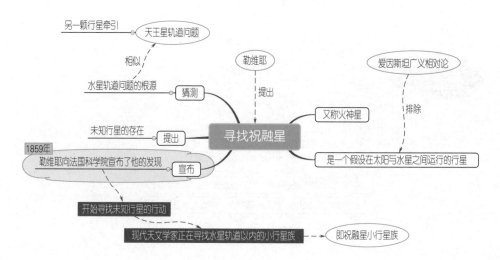

人物小史与趣事

奥本·尚·约瑟夫·勒维耶（Urbain Jean Joseph Le Verrier，1811—1877），数学家、天文学家。他计算出了海王星的轨道。根据其计算，柏林天文台的德国天文学家加勒观测到了海王星。

1868年和1876年，他两次被授予英国皇家天文学会金质奖章。月球和火星上各有一个撞击坑以他的名字命名。此外海王星的一个环和小行星1997号也是以勒维耶的名字命名的。勒维耶是名字被刻在埃菲尔铁塔的七十二位法国科学家与工程师中的一位。

勒维耶

★勒维耶的推测

勒维耶计算出了海王星的轨道，根据其计算，柏林天文台的德国天文学家加勒观测到了海王星。勒维耶推测是因为存在一颗未知行星的引力作用，使天王星的轨道运动受到干扰，也就是天文学上的"摄动"影响。他计算出这颗行星的轨道、位置、大小，然后请柏林天文台的加勒寻找这颗未知的行星。1846年9月2日，加勒根据勒维耶预言，只花了一个小时，就在离勒维耶预言的位置不到1度的地方，发现了一颗新的行星。后来这个新的行星被命名为海王星。发现海王星的那一年，勒维耶35岁。

4.2.12 白矮星的观察

20世纪初，人们发现天狼星B的光谱更暗，但是接近天狼星自身。这颗星和其他一些新发现的可见暗星都被列入了一个新的恒星类别，即白矮星。1862年1月31日，在波士顿郊区的一次观测中，克拉克（Alvan Graham Clark）使用口径47厘米的折射望远镜对准这颗明亮的临近恒星——天狼星。

导图

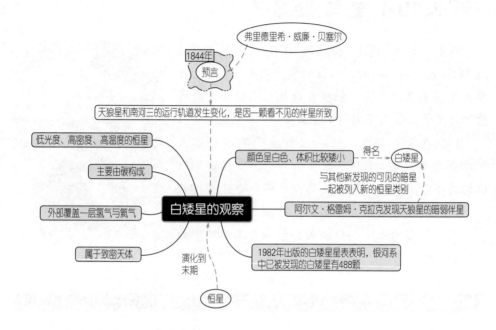

人物小史与趣事

★ "钻石星球"

在20世纪初，由普朗克（Max Karl Ernst Ludwig Planck）等人发展出量子理论之后，拉尔夫·霍华德·福勒爵士（Ralph H.Fowler）于1926年建立了一个基于费米-狄拉克统计的解释白矮星密度的理论。

1930年，苏布拉马尼扬·钱德拉塞卡（Subrahmanyan Chandrasekhar）（印度）发现了白矮星的质量上限（钱德拉塞卡极限），并且因此获得了1983年的诺贝尔物理学奖。伴随着各种的怀疑，第一颗非经典的白矮星直到19世纪30年代才被辨认出来。在1939年，已经发现了18颗白矮星；在19世纪40年代，威廉·鲁伊登（Willem Luyten）和其他人继续研究白矮星，到1950年发现了超过一百颗的白矮星；到了1999年，这个数目已经超过了2000颗。之后的史隆数位巡天发现的白矮星就超过9000颗，而且绝大多数都是新发现的。

2014年4月，天文学家在浩瀚的宇宙之中发现了一颗已经有110亿年寿命的白矮星，它的温度之低已经使构成它的碳结晶化，成为一颗"钻石星球"。这颗白矮星距离地球约900光年，在水瓶座的方向。据估计，这颗白矮星与地球的大小相仿，已经有110亿年的寿命，大约与银河的寿命相当。它是人类迄今为止发现的温度最低、亮度最暗的白矮星。此前，科学家们曾发现半人马座一颗名为"BPM37093"的白矮星，直径达到4000千米，重量相当于10^{34}克拉。科学家们从它的脉动振荡着手，推断出它的核心已经结晶。不过，尽管分子结构相似，但宇宙中的这种"钻石"与通常所说的钻石并不是完全相同的，仅仅从重量上，就不是人类身体所能承受的。因此，这颗"钻石星球"尽管价值连城，但最适合它的位置，仍然是浩瀚宇宙之中。

4.2.13 新元素"氦"的发现

日全食是日食的一种，即在地球上的部分地点太阳光被月亮全部遮住的天文现象。日全食现象十分壮观，但对于大部分人类历史来说却被当作恐惧、厄运、变化的征兆。1868年，法国天文学家朱尔斯·詹森（Jules Janssen）组织了前往印度观测日全食的观测队伍，并由此发现了新元素"氦"。

导图

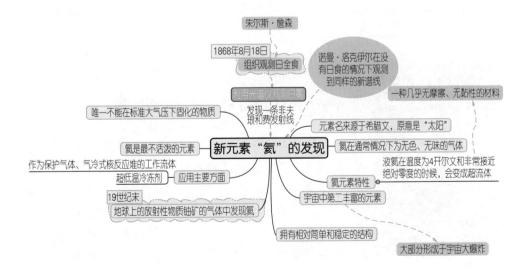

4.2.14　火卫一、火卫二的发现

由于火星自身的光辉太过绚烂，因此给寻找火星卫星的工作带来了很大难度。火星与地球大概每26个月靠近一次，即火星冲日。美国天文学家、海军天文台教授阿萨夫·霍尔充分利用火星冲日和高质量图像观测设备发现了火星的卫星。1877年8月11日，霍尔发现了火星附近跟随火星运动的一个暗弱的天体，陪伴它的还有第二颗更靠近火星的卫星。

导图

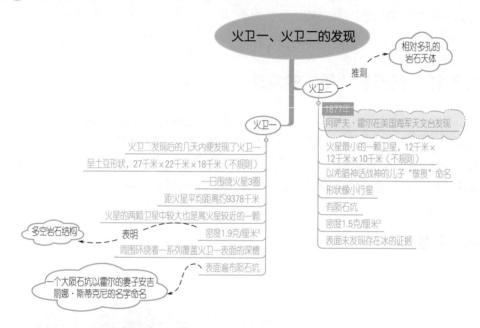

阿萨夫·霍尔

人物小史与趣事

阿萨夫·霍尔（Asaph Hall，1829—1907），美国天文学家，火星的两颗卫星火卫一和火卫二的发现者。

霍尔在1879年获得了英国皇家天文学会颁发的金质奖章。为了纪念他，位于福博斯南极的一个显著的环形山被命名为阿萨夫·霍尔，因为霍尔是

这些卫星的发现者。

★**火卫一和火卫二的简介**

火卫一（Phobos）呈土豆形状，一天围绕火星3圈，与火星平均距离约9378千米。火卫一是火星的两颗卫星中较大、离火星较近的一颗。火卫一与火星之间的距离也是太阳系中所有的卫星与其主星的距离中最短的，从火星的表面算起，只有6000千米。它也是太阳系中最小的卫星之一。

火卫二（Deimos）是火星的两颗卫星中离火星较远、较小的一颗，同时也是太阳系中最小的卫星。其公转轨道距火星23459千米，直径为12.6千米。

4.2.15 木卫五的发现

尽管望远镜技术的改进，使一系列行星的卫星得以发现，但自从1610年伽利略发现4颗卫星之后的数百年间，都没有发现木星的卫星。美国天文学家爱德华·巴纳德认为木星一定有更多的卫星，于是开始寻找木星卫星。1892年9月9日巴纳德用利克天文台的一台口径91厘米的反射式望远镜发现了木卫五（Amalthea），它是最后一颗直接用肉眼观测发现的卫星，是已知的离木星第三近的天然卫星，一颗外形不规则的卫星。国际天文联合会以希腊神话中一位用山羊的奶养育宙斯的仙女的名字阿马尔塞来命名。

导图

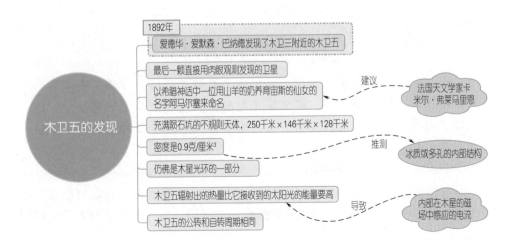

人物小史与趣事

爱德华·爱默生·巴纳德

　　爱德华·爱默生·巴纳德（Edward Emerson Barnard，1857—1923），率先使用天体照相术，是当时领先的实测天文学家。自1889年起，他开始用大口径望远镜对银河进行拍照，发现了许多新细节。他还发现16颗彗星及木星的第五颗卫星（1892）。在1916年，他发现了巴纳德星，该星在1968年前一直被认为是具有最大自行的恒星（自行是一颗恒星相对于其他恒星的运动）。在1919年，他出版了一本暗星云表。

★ "逃亡之星"——巴纳德星

　　巴纳德星是一颗质量非常小的红矮星，位于蛇夫座β星附近，蛇夫座66星的西北侧，距离地球约6光年远。美国天文学家爱德华·爱默生·巴纳德在1916年测量出其自行速度为每年10.3角秒，是已知相对太阳自行最大的恒星。为了纪念巴纳德的发现，后来称这颗恒星为巴纳德星。巴纳德星距离太阳约1.8秒差距（6光年），是蛇夫座内距离我们最近、宇宙中第二接近太阳的恒星系统，也是第四接近太阳的恒星，前三接近太阳的恒星都是半人马座α系统的成员。尽管如此接近地球，但是人类裸眼仍看不见巴纳德星。

知识链接

蛇夫座

　　蛇夫座是赤道带星座之一，从地球上看位于武仙座以南，天蝎座和人马座以北，银河的西侧。蛇夫座是星座中唯一一个与另一星座——巨蛇座交接在一起的星座，同时，蛇夫座也是唯一一个兼跨天球赤道、银道和黄道的星座。

　　因为相当接近太阳，并且位于容易观测的天球赤道附近，所以M型矮星巴纳德星受到了比任何恒星都多的天文学家的研究和注意。天文学家的研究曾聚焦在恒星的特征、天体测量和推敲系外行星可能存在的极限。虽然这是一颗古老的恒星，但是天文学家仍然观测到巴纳德星发生过耀斑爆发。

巴纳德星之所以成为天文学家所瞩目的热门星球，是因为其几点与众不同的地方：

第一，自行大；

第二，距离近；

第三，也是巴纳德星最吸引人的地方，这颗恒星周围很可能有两颗大小约等于木星和土星的行星在围绕着它旋转，是离我们很近的另一个太阳系。

巴纳德星是目前所有已知恒星中自行运动最快的恒星，所以有时候也被称为"逃亡之星"（Runaway Star），它的自行速度比大熊座的"飞行之星"快一倍。

天文学家彼德·范·德·坎普（Peter van de Kamp）在1963年发表了对巴纳德星自行运动扰动现象的观测与分析，推测其可能有一颗大小约等于木星的行星以24年为周期绕其运行，当时曾获得大部分天文学家的同意。但到了20世纪80年代，当收集的数据越来越多，发现许多矛盾之后，这个结论开始有争议，天文学界普遍认为当年的推论是错误的。新的分析认为巴纳德星有两颗行星：其中一颗行星的轨道周期是11.7年，轨道半长轴约为2.7天文单位，质量约为木星的0.8倍；另外一颗星的相应数据则是20年、3.8天文单位和约0.4倍。如果这些资料是正确的，那么这将是用天体照相测量法找到的第一个包含有类行星的行星系。这些观测需要极为精确而长期的测量，因此对它们的推论还只是暂时的。

无论最终的结果如何，从某种意义上说，我们确实已经发现了巴纳德星运行在同一轨道面上的行星系，只是更确切的证实还有待于今后的研究。

4.2.16　土卫九的发现

爱德华·查尔斯·皮克林（Edward Charles Pickering）是使用天文照相法收集和记录分辨率恒星光谱的先驱。他的兄弟，威廉·亨利·皮克林分析了天文台职员斯图尔特早年所拍摄的土星周围天空的照片，发现了新的土星卫星。1898年，皮克林发现了土卫九。土卫九是使用照相技术发现的第一颗卫星，它是与土星距离最远的卫星之一，平均距离土星1295.2万千米。土卫九的直径只有大约213千米，在轨道上逆向环绕土星运行。

🎯 导图

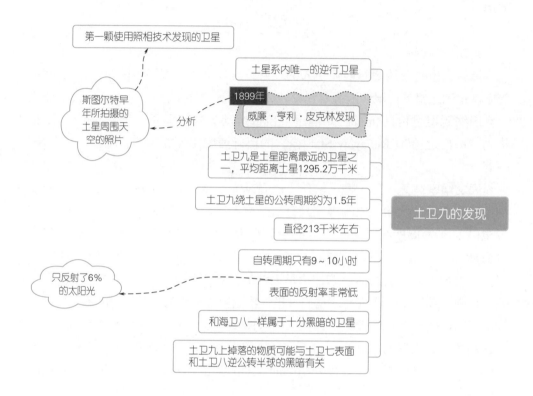

第一颗使用照相技术发现的卫星

斯图尔特早年所拍摄的土星周围天空的照片

分析

土星系内唯一的逆行卫星

1899年

威廉·亨利·皮克林发现

土卫九是土星距离最远的卫星之一，平均距离土星1295.2万千米

土卫九绕土星的公转周期约为1.5年

直径213千米左右

自转周期只有9～10小时

表面的反射率非常低

只反射了6%的太阳光

和海卫八一样属于十分黑暗的卫星

土卫九上掉落的物质可能与土卫七表面和土卫八逆公转半球的黑暗有关

土卫九的发现

威廉·亨利·皮克林

🎯 人物小史与趣事

威廉·亨利·皮克林（William Henry Picker-ing，1858—1938），美国天文学家，土卫九的发现者。他是爱德华·查尔斯·皮克林的弟弟。

月球上的皮克林撞击坑和火星上的皮克林撞击坑都是以他和他的哥哥的名字命名的。

★皮克林的成就

皮克林在1898年拍的底片上发现了土星的第九颗卫星。1905年，他觉得自己在1904年拍的底片上还发现了土星的第十颗卫星，但是这个发现并不是真的。

皮克林追随乔治·达尔文的理论，1907年，他猜测月球曾经是地球的一部分，太平洋是它分裂出去后形成的。皮克林还提出一个类似大陆漂移学说的理论（在阿尔弗雷德·魏格纳之前），他认为美洲、亚洲、非洲和欧洲曾经组成一个统一的大陆，但是在月球分离后分开了。1908年，他评论当时还没有被发明的飞机道："一个常见的幻想是在战时可以使用飞机向敌人扔炸弹"。

皮克林带领观察日食的考察队研究月球上的撞击坑，并且猜测"月球昆虫"导致埃拉托斯特尼撞击坑外形的变化，他宣称在月球上发现了植物。

大陆漂移假说

大陆漂移假说是解释地壳运动和海陆分布、演变的学说。大陆彼此之间以及大陆相对于大洋盆地间的大规模水平运动，称大陆漂移。大陆漂移假说认为，地球上所有大陆在中生代以前曾经是统一的巨大陆块，称之为泛大陆或联合古陆，中生代开始分裂并漂移，逐渐达到现在的位置。

1919年，基于天王星和海王星轨道的异常，皮克林预言有一颗假设的海王星外天体，但是搜索威尔逊山天文台的照片未能找到这颗行星。1930年，罗威尔天文台的克莱德·汤博（Clyde William Tombaugh）发现了冥王星，但是这颗冥王星的质量太小了，依然不能够解释天王星和海王星的运行轨迹。今天我们知道这些异常是因为当时计算行星轨道时对行星质量的错误估计而导致的。皮克林认为冥王星的符号里包括他和帕西瓦尔·罗威尔（Percival Lawrence Lowell）的名字缩写。

皮克林设计和建立了多座天文台和天文观察站，其中包括罗威尔的天文台。晚年的时候，他在他的牙买加私人天文台里待了很长一段时间，并发表了一份月球照片。

5

现代天文学时期

（1900年～1955年）

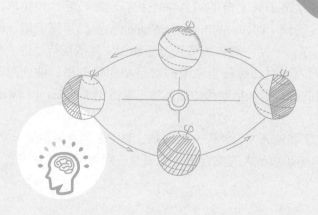

　　天体测量学的进步推动了天体力学，使得它在近代数学的基础上得到极大的发展。技术的进步使得人们所认识的宇宙范围越来越广阔。19世纪中叶，天体物理学诞生。从此，人们得以逐步深入地认识天体的物理本质。而现代天文学是以各种现代物理手段建立起来的：光谱分析、电磁学、粒子物理、核物理、磁流体物理、相对论。在现代的天文学中，天体物理学占的比重极大，"纯粹"的天文学已经很少了；天体物理学、宇宙学在物理学中的重要性也越来越高。

 导 图

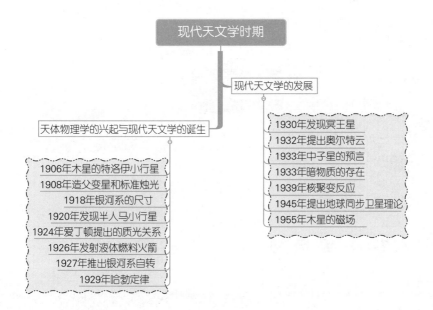

5.1 天体物理学的兴起与现代天文学的诞生

5.1.1　木星的特洛伊小行星

　　相片底片与人眼相比，敏感性更高，因此天文学照相的发明使发现暗星成为可能，同时也推动了小行星的发现。特洛伊小行星是与木星共用轨道，一起绕着太阳运行的一大群小行星。从固定在木星上的坐标系统来看，它们是在所谓的拉格朗日点中稳定的两个点，分别位于木星轨道前方（L4）和后方（L5）60度的位置上。巴纳德（Edward Emerson Barnard）被认为是第一个观察到特洛伊小行星的人。1906年2月，德国天文学家马克斯·沃夫（Max Wolf）发现一颗位于太阳-木星的拉格朗日点L_4上的小行星。

导图

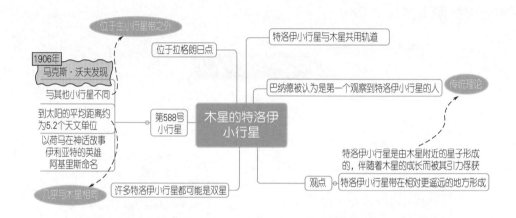

人物小史与趣事

★地球首个特洛伊小行星的发现

2011年7月，天文学家通过广域红外勘测器（WISE）发现地球首个特洛伊小行星。这颗小行星位于太阳-地球4号拉格朗日点。这颗小行星被称为2010 TK7，它的直径接近300米，距离地球8000万千米。2010 TK7小行星具有一个奇特无序的轨道，在通常情况下，特洛伊小行星不会环绕在拉格朗日点右侧运行，但是会以蝌蚪状轨道环绕行星，这是受太阳系其他星体引力作用影响形成的。2010 TK7小行星的蝌蚪轨道非常大，基本接近于地球到太阳轨道的最远端。

5.1.2　造父变星和标准烛光

造父变星是一类高光度周期性脉动变星，也就是其亮度随时间呈周期性变化。标准烛光是天文学中已经知道光度的天体，而在宇宙学和星系天文学中获得距离的几种重要方法都是以标准烛光做基础的。天文学家已经知道可以利用地球一年中围绕太阳运动产生的恒星视差来测量最近的恒星距离。但更遥远的恒星尚未找到解决方法。而此时，亨利埃塔·勒维特的工作回答了这一问题。1908年，勒维特发表了造父变星的发现，更亮的造父变星有更长的周期。1913年，丹麦天文学家埃希纳·赫茨普龙（Ejnar Hertzsprung）用敏感的视差方法独立确定了几颗造父变星的距离。

导图

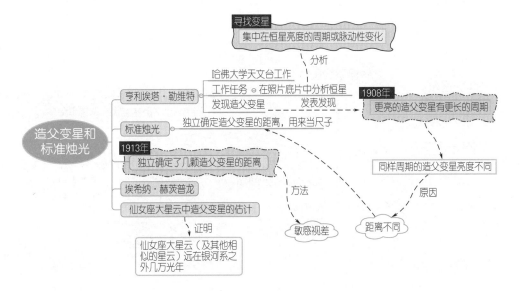

人物小史与趣事

　　亨利埃塔·勒维特（Henrietta Swan Leavitt，1868—1921），美国女天文学家，聋哑人，造父变星周光关系的发现者。

　　1892年，她于拉德克利夫学院毕业，在哈佛天文台工作。1902年起，她领导恒星照相测光室，科研工作主要是研究变星。

　　为了纪念这位女天文学家，第5383号小行星以及月球表面的一座环形山以她的名字"勒维特"命名。

5.1.3　银河系的尺寸

为了了解某些天体位于银河之内还是之外，大量天文学家用造父变星确定了旋涡状星云、球状星团和其他天体。而银河系本身的尺寸，成为辩论的焦点。第一位实验性估计了银河系尺寸的天文学家是哈罗·沙普利，他研究了天空中球状星团的分布。1918年，他确定了球状星团围绕在盘状的银河系盘的周围，基于此，他估计银河系的直径大约是20万光年，太阳不在银河系的中心，而是位于距离中心5万光年处。

导图

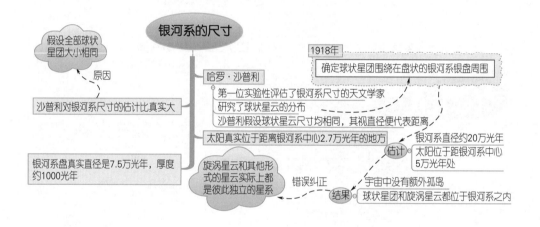

哈罗·沙普利

人物小史与趣事

哈罗·沙普利（Harlow Shapley，1885—1972），美国天文学家，美国科学院院士。他主要从事球状星团和造父变星研究，提出了银河系的中心不是太阳系，太阳系其实处在银河系的边缘。1921～1952年，担任哈佛大学天文台台长；1943～1946年，担任美国天文学会会长。他的儿子劳埃德·沙普利是2012年诺贝尔经济学奖得主。

5.1.4　半人马小行星的发现

20世纪初，已发现的小行星总数开始接近1000颗，天文学家们仍然毫无懈怠地继续研究和探索新的神秘天体。1920年，德国天文学家沃尔特·巴德发现的944号小行星就是这样的例子。

🎯 导 图

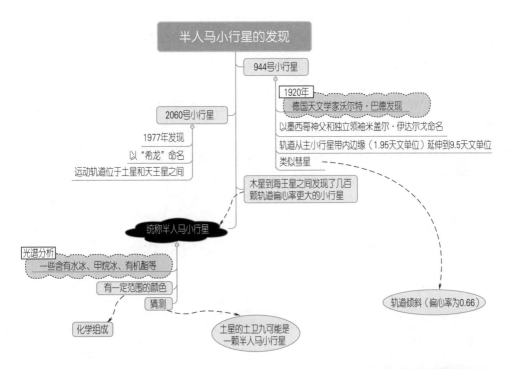

🎯 人物小史与趣事

沃尔特·巴德（Wilhelm Heinrich Walter Baade，1893—1960），德国天文学家，在美国度过了大部分科研生涯。巴德提出了两类星族的概念，正确区分了两类造父变星，并对宇宙距离的尺度做出了重要的修正。

沃尔特·巴德

　　巴德还发现了10颗小行星。为纪念这位天文学家，第1501号小行星，月球上的一座环形山、一条月谷，以及麦哲伦望远镜其中之一都以他的名字"巴德"命名。

5.1.5　爱丁顿提出的质光关系

　　质光关系是恒星质量和绝对光度之间的一个重要关系，最早为哈姆所提出，并在1919年由赫茨普龙通过观测资料证实。尽管天文学家按照恒星的颜色、温度、亮度等属性进行了分类，但对恒星如何产生能量却尚不清楚。英国天体物理学家亚瑟·爱丁顿研究并解答了天体发光、能量出处以及恒星内部机制等问题。1924年，爱丁顿从理论上导出绝对光度为L的恒星与其质量M，具有$L=km^{3.5}$的简单关系，其中k为常数。质光关系不仅仅提供了一个估计恒星质量的重要方法，而且为研究恒星内部结构和建立各种理论模型提出了一个判据。除了物理性质特殊的巨星、白矮星和某些致密天体外，占恒星总数90%的主序星都符合质光关系。

🎯 导图

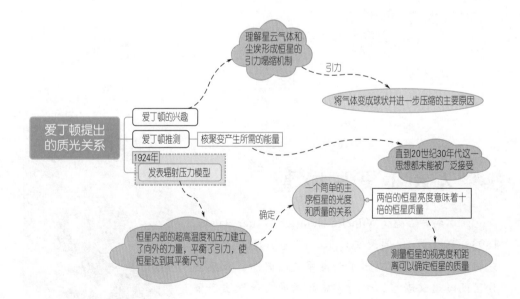

人物小史与趣事

亚瑟·斯坦利·爱丁顿

亚瑟·斯坦利·爱丁顿（Arthur Stanley Eddington，1882—1944），英国天文学家、物理学家、数学家，是第一个用英语宣讲相对论的科学家，自然界密实物体的发光强度极限被命名为"爱丁顿极限"。著作有《恒星和原子》《恒星内部结构》《基本理论》《科学和未知世界》《膨胀着的宇宙：天文学的重要数据》《质子和电子的相对论》《物理世界的性质》《科学的新道路》等。

> ★ "谁是第三个人？"

一战过后，爱丁顿率领一个观测队到西非普林西比岛观测1919年5月29日的日全食，拍摄日全食时太阳附近的天体位置，根据广义的相对论理论，太阳的重力会使光线弯曲，太阳附近的天体视位置会变化。爱丁顿的观测证实了爱因斯坦的理论，于是立即被全世界的媒体报道。当时有一个传说，有记者问爱丁顿是否全世界只有三个人真正懂得相对论？爱丁顿回答"谁是第三个人？"但现在的历史学家研究认为，当时爱丁顿的数据并不是准确的，可是歪打正着地宣布了相对论理论的正确。

5.1.6　液体燃料火箭的发射

人类用气球、飞艇和飞机等实现了飞翔的愿望，但这种飞行仅限于大气层内，因为它们都是借助空气获得上升动力。如果要实现宇宙空间的探索，就需要全新的动力。罗伯特·戈达德（Robert Hutchings Goddard）是美国最早的火箭发动机发明家，他被公认为"现代火箭技术之父"。他从1909年开始进行火箭动力学方面的理论研究，3年后点燃了一枚放在真空玻璃容器内的固体燃料火箭，证明火箭在真空中能够工作。他从1920年开始研究液体火箭，1926年3月16日在马萨诸塞州沃德农场成功发射了世界上第一枚液体火箭。

导图

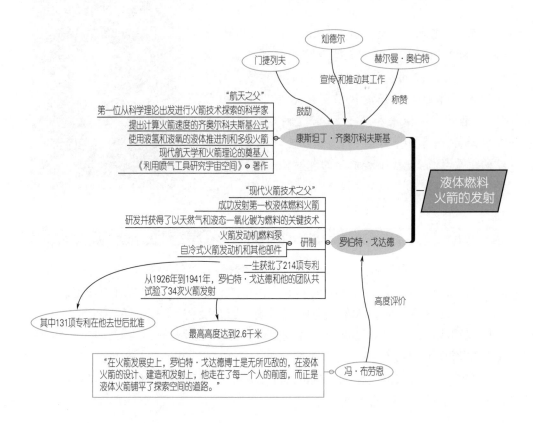

灿德尔

门捷列夫

赫尔曼·奥伯特

宣传和推动其工作

"航天之父"
第一位从科学理论出发进行火箭技术探索的科学家
提出计算火箭速度的齐奥尔科夫斯基公式
使用液氢和液氧的液体推进剂和多级火箭
现代航天学和火箭理论的奠基人
《利用喷气工具研究宇宙空间》●著作

鼓励　　　　　称赞

康斯坦丁·齐奥尔科夫斯基

液体燃料
火箭的发射

"现代火箭技术之父"
成功发射第一枚液体燃料火箭
研发并获得了以天然气和液态一氧化碳为燃料的关键技术
火箭发动机燃料泵
自冷式火箭发动机和其他部件　研制　　罗伯特·戈达德
一生获批了214项专利
从1926年到1941年，罗伯特·戈达德和他的团队共
试验了34次火箭发射

其中131项专利在他去世后批准

最高度达到2.6千米

高度评价

"在火箭发展史上，罗伯特·戈达德博士是无所匹敌的，在液体
火箭的设计、建造和发射上，他走在了每一个人的前面，而正是
液体火箭铺平了探索空间的道路。"　　冯·布劳恩

人物小史与趣事

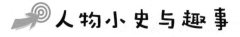

康斯坦丁·齐奥尔科夫斯基

康斯坦丁·齐奥尔科夫斯基（Konstantin Eduar-dovich Tsiolkovski，1857—1935），俄国和苏联科学家，现代航天学和火箭理论的奠基人，被人们称为"航天之父"。1903年，他发表了世界上第一部喷气运动理论著作《利用喷气工具研究宇宙空间》，并提出了液体推进剂火箭的构思和原理图，推导出在不考虑空气动力和地球引力的理想情况下，计算火

箭在发动机工作期间获得速度增量的公式，为研究火箭与液体火箭发动机奠定了理论基础。他最先论证了利用火箭进行星际交通、制造人造地球卫星和近地轨道站的可能性，而且指出发展宇航和制造火箭的合理途径，找到了火箭和液体发动机结构的一系列重要工程技术解决方案。

齐奥尔科夫斯基一生撰写了730多篇论著。1932年苏联政府授予他劳动红旗勋章。

罗伯特·戈达德（Robet Hutchings Goddard，1882—1945），美国教授、工程师及发明家，液体火箭的发明者，被公认为"现代火箭技术之父"。

他于1926年3月16日发射了世界的第一枚液体火箭。罗伯特·戈达德共获得了214项专利，其中83项专利是在他生前获得的。设立于1959年的美国国家航空航天局"戈达德太空飞行中心"就是以其名字命名的。月球上的"戈达德环形山（Goddard Crater）"也以他的名字命名。

5.1.7　银河系自转的推出

银河系是太阳系所在的恒星系统。夜晚，在开阔的地点仰望天空，可以看到天穹上有一条白茫茫的光带，从地平线某处向上延伸，到达最高点后，再延伸到另一方向的地平线。天文学家认识到，可能与其他旋涡星系所表现出来的一样，银河系中单个的恒星围绕着银河系中共同的引力中心旋转。最早研究银河系自转的是奥托·斯特鲁维（Otto Struve），他于1887年利用自行数据研究银河系自转。但由于当时资料少、精度低，因而对银河系自转未能取得肯定的看法。1924年，斯特隆堡（Gustaf Strömberg）根据恒星运动的不对称性提出了银河系自转的假设。之后，林德布拉德又提出不同子系绕银心旋转速度不同的观点。1927年，奥尔特从理论上推出了银河系较差自转对恒星视向速度和银经自行的影响的公式（即奥尔特公式），并通过对恒星视向速度的分析，证实了银河系自转。

导图

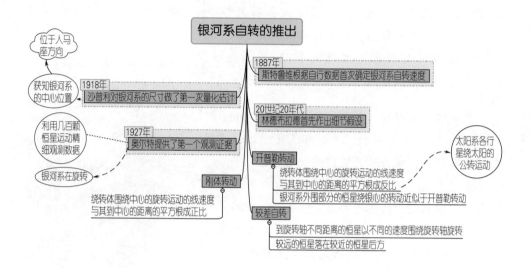

人物小史与趣事

贝蒂尔·林德布拉德

贝蒂尔·林德布拉德（Bertil Lindblad，1895—1965）

瑞典天文学家。1921—1927年任职于乌普萨拉大学天文台。1927年起任瑞典皇家科学院天文学教授并创建斯德哥尔摩天文台，任首任台长直到逝世。两次出任瑞典皇家科学院院长。1948—1952年任国际天文学联合会主席。

林德布拉德是星系动力学的先驱者之一。1926年他首次全面建立了银河系自转理论。1942年提出了解释星系旋涡结构的"密度波理论"。

5.1.8 哈勃定律

　　埃德温·哈勃是美国天文学家，他改变了人们对宇宙的认识，使人们了解了宇宙的演变。20世纪20年代，埃德温·哈勃对宇宙有了最重大的发现。今天的天文学家还在继续他的研究，所使用的太空望远镜就是用哈勃的名字命名的，也就是"哈勃太空望远镜"。1929年，哈勃发表了里程碑式的论文，描述了他发现的初步结果。哈勃发现，星系的红移随着距离的增加而显著地增加。所有的星系看上去都在远离我们，越远的速度越快，这一观测结果暗示了可观测的宇宙体积正在膨胀，这就是哈勃定律。

导图

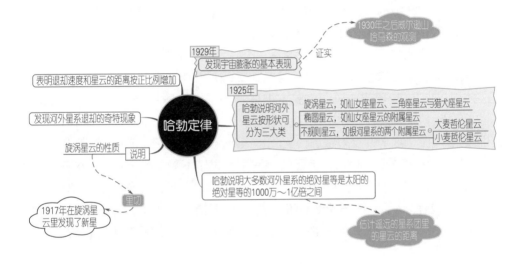

人物小史与趣事

埃德温·哈勃（Edwin P.Hubble，1889—1953），美国天文学家，观测宇宙学的开创者。

哈勃是研究现代宇宙理论最为著名的人物之一，是河外天文学的奠基人，被世人尊为"星系天文学之父"及"观测宇宙学奠基者"。他发现了银河系外星系存在及宇宙不断膨胀，是银河外天文学的奠基人及提供宇宙膨胀实例证据的第一人。他还研究了银河星云的发光机制，于1922年指出，发射星云近旁通常有光谱型早于B1型的恒星，反射星云近旁通常有晚于B1型的恒星。

埃德温·哈勃

　　哈勃的著作包括《星云世界》《用观测手段探索宇宙学问题》等，两书均为现代天文学名著。他曾获得太平洋天文学会奖章及英国皇家天文学会金质奖章。

　　哈勃的一生极具传奇色彩。其兴趣爱好非常广泛。早在中学时代其在体育运动方面就很突出。他在篮球、网球、棒球、橄榄球、铅球、链球、铁饼、跳高、撑竿跳、射击等许多项目上都取得了相当好的成绩。在芝加哥大学，哈勃作为一名重量级拳击运动员而闻名全校。在牛津大学他被选拔为校径赛队员，还在一场表演赛中与法国拳王卡庞捷（世界重量级拳击冠军和4个级别的欧洲冠军，法国人视其为民族英雄）交手。1938年，哈勃当选为美国亨廷顿图书馆和艺术馆（该馆藏有极丰富的英美珍本图书与手稿）的理事。

　　哈勃除了第二次世界大战期间曾经在美国军队中参与弹道学研究，并在马里兰州阿伯丁试验场超声风洞实验室担任领导工作之外，始终没离开威尔逊山天文台。哈勃晚年担任威尔逊山和帕洛玛山天文台研究委员会主席。1949年末，帕洛玛山口径5.08米的反射望远镜正式投入观测，哈勃是其第一位使用者。

　　1953年9月27日，哈勃在自己的书房里度过了下午和晚上。9月28日上午，他在办公室里同自己多年来的亲密同事哈马森聊起了新的工作设想。哈马森回忆："当他解释自己脑海里所想的东西时说得很快，甚至不知什么缘故，很着急。然后，哈勃走回家去吃午饭。我们注意到他显得快活且有干劲，看上去是多么健康。"

　　哈勃的夫人格雷斯在开车回家的途中发现丈夫沿街大踏步地走着，同时挥舞着手杖。她让他上车，然后他和往常一样，问她："你度过了怎样的一个上午？"此时他们离家尚有大约1500米。当她就要拐入车道时，停车向他看了一眼，只见他笔直向前瞪着眼，带着一种令人迷惑的表情，并用一种奇特的方式张开嘴唇呼吸。她觉得奇怪，因此问道："怎么啦？"

　　"不要停车，直驶。"他平静地答道，而格雷斯突然变得惊恐起来。她将车开进院子，下车绕到他坐着的一侧，同时尖声叫喊女管家伯塔。不一会儿，哈勃看上去已经昏厥，无法对格雷斯的呼叫声和触摸做出反应，伯塔探摸他的脉搏，但是毫无动静。格雷斯立即打电话给医生斯塔尔。后者使她确信，脑血栓的形成几乎是瞬间的，又没有疼痛，它会在任何时候在任何人的身上发生。

　　多年前，哈勃曾说过，"当这个时刻来临的时候，我希望静悄悄地消失。"他没有丧礼，也没有追悼会，更没有坟墓供哀悼者表示最后的敬意。铜骨灰匣埋葬在一个秘密的地方。

★造父变星解惑

彻底揭开旋涡星云之谜的是哈勃。1889年11月20日，哈勃出生于美国密苏里州马什菲尔德的一个律师家庭，后来在芝加哥上中学，并就读于芝加哥大学，1910年在该校天文系毕业，获得理学士学位。同年前往英国牛津大学女王学院，主攻法学，于1912年获文学士学位。1913年哈勃回到美国，在肯塔基州路易斯维尔开设了一家律师事务所。1914年，他前往芝加哥大学叶凯士天文台，任著名天文学家弗罗斯特的助手和研究生，1917年获得博士学位，其学位论文题目是"暗星云的照相研究"。

当时，美国最著名的天文学家乔治·埃勒里·海耳（George Ellery Hale）注意到了哈勃的天文观测才能，便建议他去由海耳本人创建的威尔逊山天文台工作。但当时第一次世界大战正酣，哈勃成了陆军士兵。他随美军赴法国服役，晋升至少校。战后又随美军留驻德国，直到1919年10月返回美国，随即赴威尔逊山天文台与海耳共事。那时恰逢当时世上最大的口径2.54米的反射望远镜在该台落成不久。此望远镜强大的聚光能力和很高的分辨本领，为哈勃作出一系列的历史性发现提供了十分有利的条件。

查明旋涡星云本质的关键，在于弄清它们究竟是位于银河系内，还是处于银河系之外。也就是说，必须测出它们的距离。天文学上最准确的距离测量来自视差法：地球绕着太阳运动，由于视差的缘故，在轨道的两段1点和2点处，观测者看到目标天体位置会从A点移动到B点。利用三角法，观测者可以从A、B之间的差别较量计算目标天体的距离。地球在公转轨道上运行的时候，近处的恒星在天球上的位置会因为观测者视线标的目的的变化而产生相对恒星背景的位移。观测者经由过程观测目标天体在一年中相对恒星背景的变化，就能够经由过程三角法较量计算出目标天体的距离。但是视差法无法测量特别远的天体，那些天体在天球上的移动太慢了。例如，哈勃当初就无法用视差法测量河外星系的距离，而不得不利用造父变星测距。

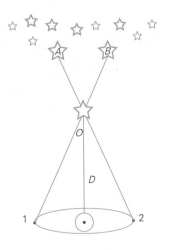

天体离地球越远，直接测量其距离就越困难。因此，天文学家想出了许多测量天体距离的间接方法。其中特别重要的"光度距离法"原理如下：一颗星离我们越远，看上去就越暗。要是知道了这颗星位于某一标准距离时看起来有多亮（其数值一般用"绝对星等"进行表示），那就可以推算出它处在任何距离上的亮度；反之，只要知道一颗星的绝

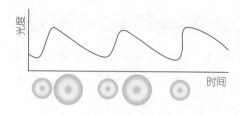

对星等及其表观亮度（用"视星等"表示），便能够推算出它究竟离我们有多远了。问题是：怎样才能够确定恒星的绝对星等呢？哈勃用威尔逊山的2.54米口径望远镜拍摄了一批旋涡星云的照片，并破天荒地在这些星云的外围区域辨认出了许多"造父变星"。从上图可以看出，造父变星是一类亮度周期变化的恒星。造父变星是一种脉动天体，它的体积会周期性地变化。当造父变星变大时，就会显得更亮。而越亮的造父变星，光变周期也越长。

早在1912年，美国女天文学家亨利埃塔·勒维特已经发现，一颗造父变星的亮度变化周期越长，其发光能力就越强，这就是著名的"造父变星周光关系"。于是，根据一颗造父变星的光变周期，便可以利用周光关系推算出它的绝对星等；再将绝对星等和它的视星等进行比较，就可以推算出它的真实距离了。

造父变星的发光能力都很强，即使离我们远达数百万光年，它们也能够被观测到。利用周光关系推算出那些造父变星的距离，进而查明它们所在的星云究竟是位于银河系以内还是以外，便为彻底查明旋涡星云的本质提供了一条具有决定意义的途径。

1925年元旦，在美国天文学会和美国科学促进会联合召开的一次会议上，人们宣读了哈勃的一篇论文，宣布他用2.54米口径望远镜发现了仙女座大星云（又名M31）和三角座旋涡星云（又名M33）中的一批造父变星，并利用周光关系推算出两者与银河系的距离均约为90万光年。当时测定的银河系直径仅约10万光年，所以M31和M33显然远远地位于银河系以外。在哈勃的时代，银河系以外的这类恒星集团被称为"河外星云"。后来，人们又更确切地改称它们为"河外星系"，或者简称为"星系"。哈勃本人并未到会，却获得了美国科学促进会为这次会议设立的最佳论文奖。同年，该文在《美国天文学会会刊》上被正式发表，题为《旋涡星云中的造父变星》。多年之后，一位当时在场的科学家乔尔·斯特宾斯回忆道："哈勃的论文一经宣读，整个美国天文学会当即明白，关于旋涡星云本质的这场大辩论业已告终，空间中物质分布的岛宇宙观念已然确立，宇宙学的一个启蒙时代已经开启。"当时，五年前那场大辩论的两位主角——沙普利和柯蒂斯都在场。

将宇宙看作一个整体，来研究它的结构、运动、起源和演化的学科叫做宇宙学。在哈勃之前，宇宙学主要是理论家们的天地。哈勃的上述成就则开辟了研究宇宙学问题的全新途径，即"观测宇宙学"。观测天文学家从此可以沿两条路线继续前进，即研究单个星系——曾经被称为"岛宇宙"的庞大恒星系统的结构和成分，以及研究大量星系的空间分布与运动。在这两方面，哈勃本人均为业绩彪炳的先驱者。

★膨胀的宇宙

宇宙学是将宇宙作为一个整体来研究其结构、运动、起源及演化的学科。现代宇宙学在理论方面肇始于爱因斯坦1917年发表《根据广义相对论对宇宙学所作的考察》一文。在20世纪20年代，苏联数学家弗里德曼（Alexander Friedmann）和比利时天文学家勒梅特（Georges Lemaitre），先后以爱因斯坦的广义相对论作为基础，从理论上论证了宇宙随着时间而膨胀的可能性。在观测方面，美国天文学家斯莱弗（Vesto Slipher）于1917年已初步证明，许多旋涡星云都正以极快的速度远离银河系。

怎样理解宇宙的膨胀？我们可以把宇宙空间想象成一块巨大的面包，而星系是这块面包上的葡萄干。当面包在烘烤过程当中膨胀，葡萄干就会随着面包的膨胀远离彼此。在最初相聚越远的葡萄干，在膨胀的过程当中远离彼此的速度也就越快。

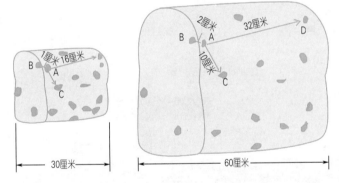

1929年，哈勃发表了堪称经典的重要论文《河外星云距离与视向速度的关系》，令人信服地论证了：距离我们越远的河外星云，沿着观测者视线方向远离我们而去的运动速度便越大，且速度同距离两者之间存在着很好的正比关系。这便是举世闻名的"哈勃定律"。1930年，英国天文学家爱丁顿（Arthur Eddington）将河外星云普遍远离我们而去的现象解释为宇宙的膨胀效应。也就是说，哈勃定律为宇宙膨胀提供了首要的观测证据。

哈勃定律的确立是20世纪天文学一项十分重大的成就，它使人类的宇宙观发生了深刻的变化。它表明宇宙在整体上静止的观念已经过时，取而代之的是一幅空前宏伟的膨胀图景：宇宙的各部分均在彼此远离，而且各个部分互相远离的速率与它们之间的距离成正比。紧接着的任务是更加准确地测定宇宙膨胀的速率，以及膨胀速率本身如何随时间而变化。直到今天，天文学家们仍在为这些艰巨的任务而不懈地工作着。

5.2 现代天文学的发展

5.2.1 冥王星的发现

法国数学家勒维耶（Urbain Le Verrier）计算了天王星轨道的变化，发现其中存在一颗行星质量的天体位置，这一计算促进了1846年海王星的发现。而对于天王星、海王星的后续观测是人们猜测有另一个地球质量的行星隐藏于更远的地方。冥王星是太阳系边缘的柯伊伯带中已知的最大天体，与太阳平均距离59亿千米，于1930年2月18日，由克莱德·威廉·汤博根据美国天文学家洛韦尔的计算发现，并以古罗马神话中的冥王普路托（Pluto）命名。

导 图

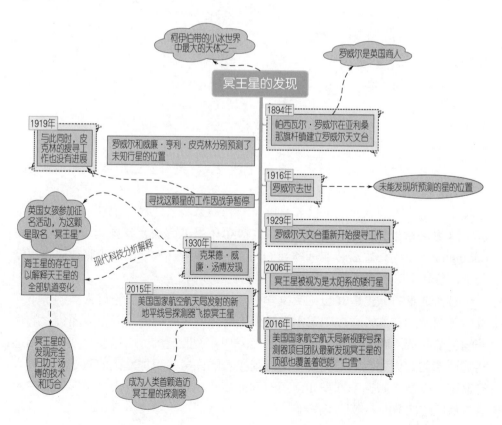

柯伊伯带的小冰世界中最大的天体之一

罗威尔是英国商人

冥王星的发现

1894年
帕西瓦尔·罗威尔在亚利桑那旗杆镇建立罗威尔天文台

1919年
与此同时，皮克林的搜寻工作也没有进展

罗威尔和威廉·亨利·皮克林分别预测了未知行星的位置

1916年
罗威尔去世

未能发现所预测的星的位置

寻找这颗星的工作因战争暂停

1929年
罗威尔天文台重新开始搜寻工作

英国女孩参加征名活动，为这颗星取名"冥王星"

现代科技分析解释

1930年
克莱德·威廉·汤博发现

2006年
冥王星被视为是太阳系的矮行星

海王星的存在可以解释天王星的全部轨道变化

2015年
美国国家航空航天局发射的新地平线号探测器飞掠冥王星

2016年
美国国家航空航天局新视野号探测器项目团队最新发现冥王星的顶部也覆盖着皑皑"白雪"

冥王星的发现完全归功于汤博的技术和巧合

成为人类首颗造访冥王星的探测器

人物小史与趣事

克莱德·威廉·汤博（Clyde William Tombaugh，1906—1997），美国天文学家，1930年根据其他天文学家的预测，他发现了冥王星。

自20世纪30年代发现冥王星后，他被堪萨斯大学和北亚利桑那大学授予天文学学位。从1955年起，他在新墨西哥州立大学任教直到退休。

从1929年他发现第2839号小行星起，他一共发现了14颗小行星，包括第2941号、3310号、3583号、3754号、3775号、3824号、4510号、4755号、5701号、6618号、7101号、7150号和8778号。1931年，第1604号小行星以他的名字命名。

克莱德·威廉·汤博

★冥王星的前世今生

冥王星是最大的柯伊伯带天体，也有很可能是体积最大的海王星外天体。冥王星是直接围绕太阳运转的第十大天体，它与其他柯伊伯带天体一样主要由岩石和冰组成。冥王星相对较小，质量仅有月球的六分之一，体积仅有月球的三分之一。冥王星的轨道离心率及倾角皆较高，近日点为30天文单位（44亿千米），远日点为49天文单位（74亿千米）。

冥王星于1930年被克莱德·威廉·汤博发现，并被视为第九大行星。后续75年内对冥王星及太阳系内其他天体的研究挑战了冥王星的行星地位。自1977年以来，发现小行星凯龙（Chiron）后，人们发现了众多轨道高度离心的冰质天体。2005年发现的离散盘天体阋神星质量比冥王星多出27%。国际天文联合会（IAU）认识到，冥王星仅仅为众多外太阳系较大冰质天体中的一员，于2006年正式定义行星概念。新定义将冥王星排除行星范围，将其划为矮行星。但是，一些天文学家则认为冥王星仍属于行星。

1906年，罗威尔天文台的创办者帕西瓦尔·罗威尔

地球
直径12756千米

月球
直径3476千米

冥王星
直径约2370千米

冥王星与地球、月球的大小比较

（Percival Lowell）开始搜索第九大行星——X行星。1909年，罗威尔和威廉·亨利·皮克林（William Henry Pickering）提出了若干该天体可能处于的天球坐标。这项搜索一直持续到1916年罗威尔逝世为止，但并没有任何成果。1915年3月19日的巡天已经拍摄到了两张带有模糊的冥王星图像的照片，但这些图像并没有被正确辨认出来。罗威尔的遗孀——康斯坦斯·罗威尔企图获取天文台中其夫所有的份额，对X行星的搜索因由此产生的法律纠纷直至1929年才恢复。时任天文台主管维斯托·斯莱弗（Vesto Melvin Slipher）在看到汤博的天文绘图样品后，将搜索X行星的任务交给了汤博。汤博的主要任务是系统地成对拍摄夜空照片、分析每对照片中位置变化的天体。汤博借助闪烁比对器，快速地调换感光干板搜索天体的位置变化或外观变化。1930年2月18日，汤博在经历近1年的搜索后，在当年1月23日与1月29日拍摄的照片中发现了一个可能移动的天体。1月21日的一张质量不佳的照片确认了该天体的运动。汤博在天文台进一步拍摄了验证照片后，将发现第九大行星的消息于1930年3月13日由电报发往哈佛大学天文台。

发现第九大行星的消息在全世界产生了轰动。罗威尔天文台拥有对此天体的命名权，并且从全世界收到了超过一千条建议。汤博敦促斯莱弗尽快在他人起名前提出一个名字。

英国牛津的11岁学童——威妮夏·伯尼，由于其对古典神话的兴趣建议以冥王普路托命名此行星。伯尼在与其祖父福尔克纳·梅丹交谈中提出了这个名字。原任牛津大学博德利图书馆的馆员梅丹将这个名字交给了天文学教授赫伯特·霍尔·特纳（Herbert Hall Turner）。特纳将此信息电报给了美国同行。该天体正式于1930年3月24日命名。普路托（Pluto）以全票通过，该命名于1930年5月1日公布。梅丹在得知此消息后，奖励其孙女5英镑。

自发现冥王星后，人们便因其模糊图像怀疑冥王星不是罗威尔所设想的X行星。20世纪以来，冥王星质量的估计值在不断地缩小。天文学家最初按照冥王星假定对天王星与海王星轨道的影响计算冥王星质量。1931年，计算得出的冥王星质量和地球质量相近，1948年的进一步计算结果则接近火星质量。1976年，夏威夷大学的戴尔·克鲁克香克、卡尔·佩尔彻与莫里森首次计算出冥王星的反照率，发现其与固态甲烷相似。冥王星因而比有相同尺寸的其他天体明亮，其质量不会超过地球的百分之一。1978年，冥卫一的发现允许了天文学家首次测量冥王星的质量。冥王星质量仅仅相当于地球质量的0.2%，并不足以解释天王星的轨道扰动。随后，包括罗伯特·萨顿·哈灵顿在内的诸多天文学家并未能找到冥王星以外的X行星。1992年，迈尔斯·斯坦迪什用"旅行者2号"1989年飞掠海王星时所测的数据重新计算海王星对天王星的引力作用。"旅行者2号"的数据将海王星质量的估计值降低了0.5%，相当于一个火星的质量。重新计算的结果中天王星的轨道并没有异常，自此X行星也无存在的必要。

1992年，在冥王星附近发现的诸多天体显示冥王星是柯伊伯带的一部分。冥王星的行星地位因此受到挑战。天文学家们在柯伊伯带发现越来越多与冥王星大小相似的天体后，便认为冥王星应重新划为柯伊伯带天体。2005年7月29日，发现新的海外天体阋神星的消息对外公布。根据推测阋神星比冥王星大，是1846年发现海卫一后发现的太阳系内最大的天体。尽管当时并没有将其归为行星的正式共识，但是媒体与发现阋神星的天文学家最初仍将其称为第十大行星。天文学界中，有人将此视为将冥王星划为小行星的最有力论据。

知识链接

阋神星

阋神星（136199 Eris）是一个已知第二大的属于柯伊伯带及海王星外天体的矮行星，根据早期数据观测估算比冥王星大，在公布发现时曾被其发现者和美国国家航空航天局（NASA）等组织称为第十大行星，并且曾经被传为第十大行星"齐娜"。阋神星有一颗卫星，在国际天文联合会议上该卫星被正式命名为ErisI（Dysnomia，戴丝诺米娅）。

对冥王星地位的辩论随着2006年8月24日IAU决议的出台进入了关键阶段。国际天文联合会（IAU）决议列出了三个条件，符合这些条件的天体可被视为行星：该天体的轨道必须围绕太阳运转；该天体必须有足够的质量通过自身引力成为球形；该天体必须清理轨道附近的其他天体。冥王星的质量是其轨道上其他所有天体质量之和的7%，无法满足第三项条件。国际天文联合会进一步决定同冥王星一样无法满足第三项条件的天体为矮行星。

5.2.2 奥尔特云的提出

最长周期的彗星轨道可以达到距离太阳很遥远的地方，有些彗星需要运行5万～10万天文单位才能从远日点到达近日点。一些研究者发现，彗星远日点距离的集中分布，可能意味着在那些遥远的距离范围上储存着原始的彗星。它们像一朵巨大的云一样笼罩着太阳系。1932年，爱沙尼亚的天文学家提出彗是来自太阳系外层边缘的云团。奥尔特云是一个假设包围着太阳系的球体云团，布满着不少不活跃的彗星，距离太阳约5万 ~ 10万天文单位，最大半径差不多一光年，即太阳与比邻星距离的1/4。天文学家普遍认为奥尔特云是50亿年前形成太阳及其行星的星云的残余物质，并包围着太阳系。

导图

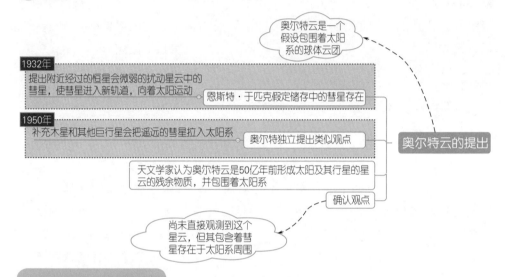

奥尔特

人物小史与趣事

奥尔特（Oort Jan Hendrik，1900—1992），荷兰天文学家，最先提出银河系自转学说。

奥尔特的父亲是一位医生，祖父是希伯来语教授。

5.2.3 中子星的预言

原子物理学能够帮助天文学家对难以直接观测到的过程形成理论和预测。1932年，英国物理学家詹姆斯·查德威克（James Chadwick）发现了中子，这对于宏观和微观之间的协同起到了最佳作用。

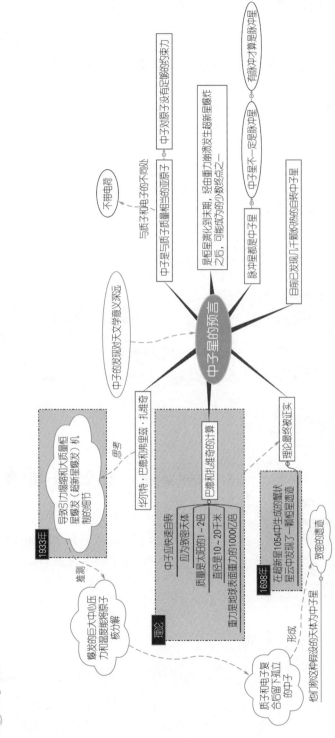

导图

中子星的预言

中子是与质子质量相当的亚原子

中子对原子没有足够的约束力

与质子和电子的不同处

不带电荷

中子的发现对天文学意义深远

是恒星演化到末期，经由重力崩溃发生超新星爆炸之后，可能成为的少数终点之一

脉冲星都是中子星

中子星不一定是脉冲星

自脉冲才算是脉冲星

目前已发现几千颗炽热的自转中子星

华尔特·巴德和弗里茨·扎维奇

巴德和扎维奇的计算

理论最终被证实

1933年

号致引力塌缩和大质量恒星爆发（超新星爆发）机制的细节

思考

中子应快速自转

应力强密天体

质量是太阳的1～2倍

直径是10～20千米

重力是地球表面重力的1000亿倍

理论

1698年

在超新星1054中生成的蟹状星云中发现了一颗恒星遗迹

致密的遗迹

爆发的巨大中心压正力和温度能够将质子核力分解

推测

质子和电子复合后留下孤立的中子

他们预测这种假设的天体为中子星

形成

5.2.4　暗物质的存在

我们常常受到看不见的力量的作用——风力、引力等。通过实验和观测我们可以证明这些力的存在，并找到其来源。1933年，弗里兹·扎维奇发现了宇宙中看不见的力，然而这些力却无法测量和解释。

导图

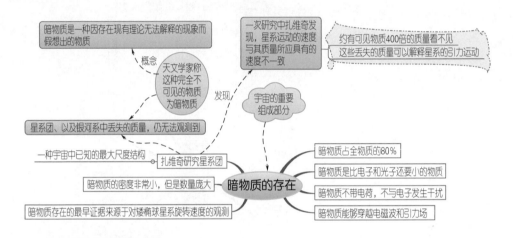

弗里兹·扎维奇

人物小史与趣事

弗里兹·扎维奇（Fritz Zwicky，1898—1974），瑞士天文学家，他的一生中大部分时间在美国加州理工学院，他做了许多理论和天文观测方面的重要贡献。

5.2.5　核聚变反应

20世纪20年代，天体物理学家亚瑟·斯坦利·爱丁顿等已计算出恒星内部的主要特征，包括极端高温、高压，但对于恒星如何产生能量尚不确定。爱丁顿基于欧内斯特·卢瑟福等人早期的核转化实验对包括太阳的恒星能量来源的可能性进行了推测。1939年，美国科学家证实，一个氘原子核和一个氚原子核通过碰撞结合成一个氦原子核，可以释放出一个中子和17.6兆电子伏特的能量。该发现揭示了已经持续"燃烧"了50亿年的太阳的巨大能量来自氢的同位素氘和氚的核聚变反应的奥秘。

导图

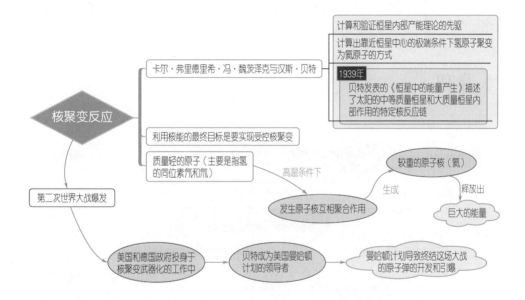

核能

核能（或称原子能）是通过核反应从原子核释放的能量，符合阿尔伯特·爱因斯坦的质能方程 $E=mc^2$，其中 E 为能量，m 为质量，c 为光速。

核能可通过三种核反应之一释放：

① 核裂变，较重的原子核分裂释放结合能。

② 核聚变，较轻的原子核聚合在一起释放结合能。

③ 核衰变，原子核自发衰变过程中释放能量。

5.2.6　地球同步卫星理论的提出

1945年，英国科幻小说家亚瑟·克拉克（Arthur Charles Clarke）提出了地球同步卫星的构想。此后，相隔约20年，美国太空总署于1963年相继发射了同步1号与同步2号两颗地球同步卫星，但未成功，继而于1964年又发射了同步3号地球同步卫星始获成功。同步3号地球同步卫星成为世界上第一颗地球同步卫星，涵盖于子午日界线的太平洋区，并且成功地转播了第18届东京奥运会实况。

导图

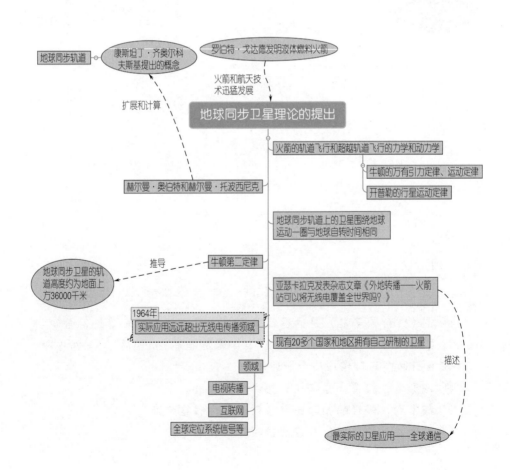

人物小史与趣事

赫尔曼·奥伯特（Hermann Oberth，1894—1989），欧洲火箭之父，德国火箭专家，现代航天学奠基人之一，航天学经典著作《通向航天之路》一书的作者，对早期火箭技术的发展和航天先驱者有着较大的影响。

赫尔曼·奥伯特

赫尔曼·奥伯特的主要贡献在理论上，他建立了下列条件之间的理论关系：燃料消耗、燃气消耗速度、火箭速度、发射阶段重力作用、飞行延续时间与飞行距离等。这些关系对于火箭的设计是最基本的因素。更多地作为一个理论家，而不是一个实验家，奥伯特整整影响了一代工程师，成为航天事业的奠基人之一。我国著名科学家钱学森年轻时，正是读了奥伯特的著作《飞往星际空间的火箭》，最终走上了火箭及太空研究的科学道路的。

★奥伯特的航天梦——从憧憬到现实

奥伯特在12岁的时候，受到凡尔纳《从地球到月球》一书的影响，迷上了星际旅行。从此，他对火箭和太空飞行就产生了浓厚的兴趣。1922年，奥伯特充分认识到太空飞行的运载工具研制已经不是一种推测，很快就将变为现实。奥伯特认为，只有火箭才能在没有空气的太空中飞行，人完全可以乘坐这种飞行器到太空中飞行并且可以保证安全。这一年，奥伯特向海德堡大学提交了题为《飞往星际空间的火箭》的论文，但是该论文当时被断定是不切实际的。

1923年，奥伯特的论文《飞往星际空间的火箭》发表。在论文中，他对多级空间运载工具的火箭推力作了重要的数学论证，并且对未来的液体燃料火箭、人造卫星、宇宙飞船以及宇宙空间站等作了精彩的设想和预言。这篇论文立刻在德国引起极大的轰动，而且激发了许许多多德国青年对宇宙旅行的憧憬。

1924年到1938年，奥伯特在一所中学里教数学和物理，但是他对火箭的兴趣没有丝毫减退。

1940年，赫尔曼·奥伯特加入德国籍，1941年到佩内明德研究中心参与V-2火箭的研制工作。他的工作虽然没有直接参与发展后来的A-4火箭发动机，但是A-4火箭却完全是以他的理论框架为基础的。战后，赫尔曼·奥伯特留在了德国，并且回到他的家乡住了一段时间。之后，他在瑞士任火箭技术顾问，1950年为意大利海军研究固体推进剂防空火箭，之后返回德国纽伦堡从事教学

工作。1951年，他离开德国到美国与布劳恩合作，共同为美国空间规划而努力。1955年到1958年，奥伯特在美国任陆军红石兵工厂的顾问。在这期间他写了两本书，一本是对十年内火箭发展的可能性做展望，另一本谈到了人类登月往返的可能性。

1958年，赫尔曼·奥伯特退休回德国，被选为联邦德国空间研究学会的名誉会长，但其大部分时间用来思考哲学问题（这也许是许多德国科学家的习惯）。

5.2.7 木星的磁场

众所周知，磁场是看不见的，在太阳系中，仅有6个行星有磁场，它们分别是水星、地球、木星、土星、天王星和海王星。在这6个行星中，木星的磁场是最大和最强的，其赤道附近的磁场密度为4高斯，比地球磁场大10倍。木星的磁气圈也大得惊人，它的范围甚至超过了木星的环系，半径约为640万千米，可以装数千个太阳。1955年，华盛顿卡内基研究所的天文学家注意到木星的强射电发射现象，这是第一次发现巨行星的磁场。

导图

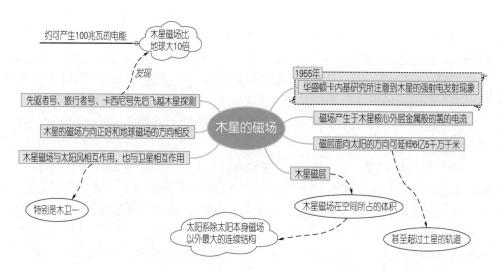

6

宇宙空间探索时代

（1956年以后）

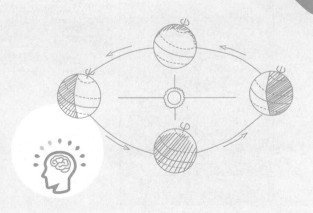

现代天文学认为，宇宙是所有时间空间物质的总和，是我们这个物质世界的整体，是物理学和天文学的最大研究对象。现代天文学的研究成果表明，宇宙是有层次结构、不断膨胀、物质形态多样、不断运动发展的天体系统。行星、小行星、彗星和流星体都围绕中心天体太阳运转，构成太阳系。太阳系外也存在其他行星系统，约2500亿颗类似太阳的恒星和星际物质构成更巨大的天体系统——银河系。银河系外还有许多类似的天体系统，称为"河外星系"，常简称"星系"。

导图

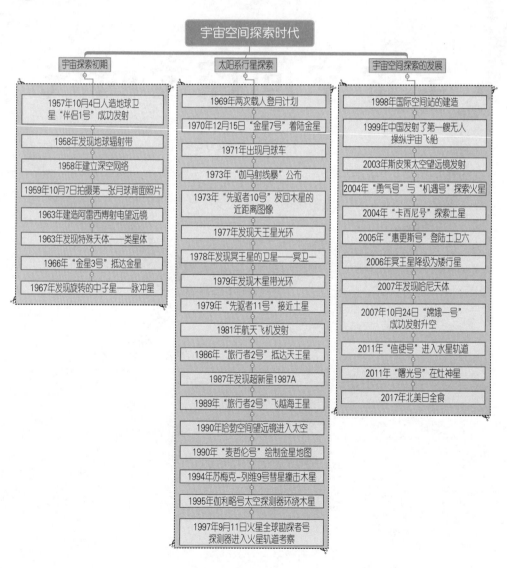

6.1 ☀宇宙探索初期

6.1.1 第一颗人造地球卫星"伴侣1号"成功发射

1957年10月4日，苏联发射了世界上第一颗人造地球卫星"伴侣1号"（代号PS-1），从此开启了人类由来已久漫游太空的旅程。中国于1970年4月24日21时35分，发射了第一颗人造地球卫星——"东方红1号"，这颗卫星由以钱学森为首任院长的中国空间技术研究院自行研制。

🎯导图

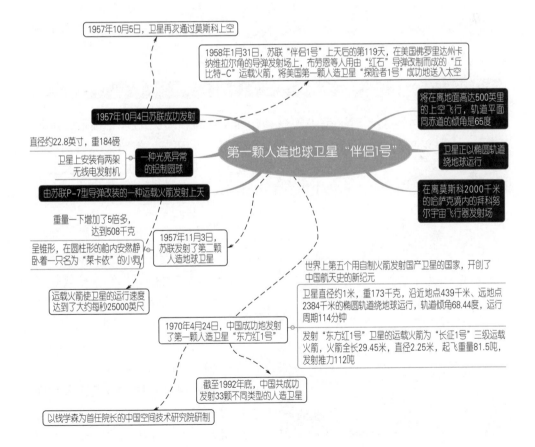

人物小史与趣事

钱学森

钱学森（1911—2009），汉族，吴越王钱镠第33世孙，生于上海，祖籍浙江省杭州市临安。

空气动力学家，中国载人航天奠基人，中国科学院及中国工程院院士，中国"两弹一星"功勋奖章获得者，被誉为"中国航天之父""中国导弹之父""中国自动化控制之父"和"火箭之王"，因钱学森回国效力，中国导弹、原子弹的发射向前推进了至少二十年。

2009年10月31日北京时间上午8时6分，钱学森在北京逝世，享年98岁。

其著作主要包括《工程控制论》《物理力学讲义》《星际航行概论》《论系统工程》《关于思维科学》《论地理科学》《科学的艺术与艺术的科学》《论人体科学与现代科技》《创建系统学》《论宏观建筑与微观建筑》《钱学森论火箭导弹和航空航天》等。

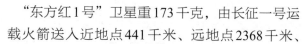

★中国的"东方红1号"

"东方红1号"人造卫星是中国在1970年4月24日发射的第一颗人造地球卫星，由以钱学森为首任院长的中国空间技术研究院研制。按照当时各国发射卫星的时间先后排列，中国是继苏、美、法、日之后，世界上第五个用自制火箭发射国产卫星的国家，由此开创了中国航天史的新纪元。

"东方红1号"卫星重173千克，由长征一号运载火箭送入近地点441千米、远地点2368千米、倾角68.44度的椭圆轨道。它测量了卫星工程参数和空间环境，并进行了轨道测控及《东方红》乐曲的播送。

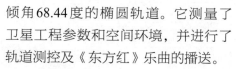

"东方红1号"卫星上的仪器舱装设有电源、测轨用的雷达应答机、雷达信标机、遥测装置、电子乐音发生器计发射机、科学试验仪器等。卫星采用银锌蓄电池作电源，电池寿命有

限，卫星运行20天后，电池耗尽，《东方红》乐曲停止播放，卫星结束了它的工作寿命。但卫星的轨道寿命没有结束，根据轨道计算，大约能在太空运行数百年。

"东方红1号"卫星反映着当时我国的经济、科技、社会及军事能力的发展水平，是国家综合国力的重要标志，是影响国际关系格局的重要因素，是促进经济及科技进步的重要手段，对于增强民族自豪感和凝聚力具有重要的作用。"东方红1号"卫星上天，在许多国家引起了强烈的反响，国外纷纷发表评论指出，这颗卫星发射成功，"体现了中国一直在依靠自己的力量为人类的幸福和进步进行宇宙开发""表明中国的科学技术和工业进步达到新高度""是中国科学技术和工艺方面取得的突出成就""中国掌握了先进火箭技术和制造出大型火箭的技能"。

"东方红1号"卫星文化是"两弹一星"精神和航天精神的重要体现。在"东方红1号"卫星的研制过程中，我们依靠自身力量，全国大协作，建立起了一个比较完善和健全的航天科学技术研究、设计、试验、制造及质量保障和管理体系，锻炼和造就了一支又红又专、技术水平高、善于攻关、能打硬仗、专业配套、老中青相结合的航天技术队伍。历史会记住钱学森、赵九章、郭永怀、钱骥、陈芳允、杨嘉墀、王大珩、王希季、任新民、孙家栋等"两弹一星"元勋对中国第一颗人造卫星的所做出的杰出贡献。

★钱学森艰难回国路

1949年10月1日，新中国诞生。就在那年的中秋节（新中国诞生的第六天），钱学森夫妇心中萌生了一个强烈的念头：回到祖国去，为新生的祖国贡献自己的智慧和力量。

1950年7月，已经下定决心返回祖国怀抱的钱学森，会见了主管他研究工作的美国海军次长，告诉他准备立即动身回国。这位次长大为震惊，他说："他知道所有美国导弹工程的核心机密，一个钱学森抵得上五个海军陆战师，我宁

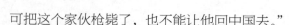

可把这个家伙枪毙了，也不能让他回中国去。"

1950年8月，钱学森买好了机票，准备搭乘加拿大太平洋公司的飞机离开美国。9月中旬，他辞去了美国洛杉矶加利福尼亚理工学院超音速实验室主任和这个学院"古根海姆喷气推进研究中心"负责人的职务。与此同时，他已将许多科学书籍和研究工作笔记装好箱，交给了美国搬运公司启运回祖国。就在这时，他突然接到美国移民局的通知。移民局不准他离开美国，并以判刑和罚款加以恐吓！还搜查并扣压了他全部的科学书籍和笔记本，诬蔑他企图运送机密科学文件回国。

那时，中美在朝鲜战场正处于交战的敌对状态。美国正盛行法西斯式的麦卡锡主义。钱学森的回国举动触怒了美国当局。1950年9月9日，钱学森突然被联邦调查局非法逮捕，送到特米那岛上的一个拘留所关押了十五天。十五天的折磨，使他的体重下降了30磅。

加州理工学院的许多师生和当时远在欧洲的冯·卡门教授闻讯，立即向美国移民局提出强烈抗议，又募集了1.5万美元保释金，才将钱学森从特米那岛的拘留所中营救出来。

然而，事情并没有就此完结。美国移民局非法限制钱学森的自由，要他每月到移民局报到一次，并且不准离开他所在的洛杉矶。联邦调查局的特务一直对他实行监视，时常闯入他的研究室和住宅捣乱。他的信件和电话也都受到了检查。为了减少朋友们的麻烦，整整五年的时间，钱学森都处在与世隔绝的境地。但是，这种变相软禁的生活，并没有磨灭钱学森夫妇返回祖国的意志。他的夫人蒋英回忆说："那几年，我们总是摆好三只轻便的小箱子，天天准备随时搭飞机动身回国。"为了回国的方便，他们租住的房子都只签了一年合同。五年中他们竟搬了五次家。那时候，他的七岁儿子和五岁女儿也都知道，离美国很远的地方——中国，有他们的祖父和外祖母在想念着他们。

1955年6月，饱受折磨的钱学森为了早日回到祖国，写信给人大常委会副委员长陈叔通，向祖国母亲发出了求救呼声。周恩来总理对此非常重视，立即指示，速将此信送至中国驻波兰大使王炳南，指示他在中美大使级会谈中，据理力争，设法营救钱学森回国。在铁的事实面前，美方代表无言以对。不久，美国有关方面通知钱学森可以离美回国。

1955年9月17日，钱学森回国愿望终于得以实现，经过长达五年多的斗争，钱学森、蒋英和他们的两个孩子，登上了"克利夫兰总统号"轮船，踏上归国的征程。钱学森回国时，很多朋友、同事为他送行，媒体记者也不少。加州理工学院院长杜布里奇没到码头送行，但是他说了一句意味深长的话："钱学森回国绝不是去种苹果树的。"

1955年10月1日清晨，钱学森一家终于回到了祖国，回到自己的故乡。

50多年来，尽管有过很多次的邀请，但钱学森再也没有踏上美国的国土，即使是美国相关部门承诺授予他两院院士称号，由总统颁发的美国最高科技大奖，也都被他通通拒绝。钱学森认为，美国政府当年不公正地对待他，如果不公开道歉，即使是给他再高的荣誉，他也无法接受。

6.1.2　地球辐射带的发现

地球辐射带指地球周围空间大量高能带电粒子的聚集区，又称为范爱伦带。它分为内外两个带，它们在向阳面和背阳面各有一个区，内辐射带离地面较近，而外辐射带离地面较远。地球辐射带是由于地磁场约束高能粒子（以MeV记）形成的特定区域。1905年，斯托米（Carl Størmer）根据极光观测曾经预言过它的存在。1958年，范爱伦（Jamas Alfred van Allen）分析人造地球卫星探测器的资料，于1959年证实它的存在，因此它也称作范爱伦带。地球辐射带在地球磁层内，但只存在于一定磁纬地区的上空，而不存在于南北磁极和高磁纬地区的上空。

导图

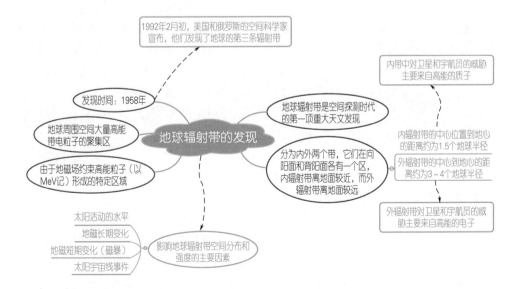

人物小史与趣事

★地球辐射带与磁层

20世纪初，有人提出太阳在不停地发出一些带电粒子，这些粒子被地球磁场俘获，在地球上空形成了一个带电粒子带。50年代末60年代初，美国科学家范爱伦根据宇宙探测器探险者1号、3号和4号的观测结果，证明了带电粒子带的存在。地球辐射带分为两层，形状有点像是砸开成两半的核桃壳。距离地球较近的辐射带称为内辐射带，较远的称为外辐射带，也分别称为内、外范爱伦带。辐射带从四面将地球包围了起来，而在两极处留下了空隙，也就是说，地球的南极和北极上空不存在辐射带。最近有消息说，美国和俄罗斯的天文学家在内外辐射带之间又发现了第三条辐射带。

过去人们一直认为地球的磁场和一根大磁棒的磁场一样，磁力线对称分布，逐渐消失在星际空间。而人造卫星的探测结果纠正了过去人们的错误认识，绘出了全新的地球磁场图像：当太阳风到达地球附近空间时，太阳风与地球的偶极磁场发生作用，将地球磁场压缩到一个固定的区域里，这个区域就称为磁层。磁层像一个头朝太阳的蛋形物，它的外壳称为磁层顶。地球的磁力线被压在壳内。在背着太阳的一面，壳拉长，尾端则呈开放状，磁力线就像小姑娘的长发，"飘散"到200万千米以外。磁层就如一道防护林，保护着地球上的生物免受太阳风的袭击。地球的磁层非常复杂，其中许多物理机制需要进一步的研究和探讨。最近几年，科学家已经将磁层的概念扩展到其他的一些行星，甚至发现宇宙中的中子星、活动星系核也具有磁层结构的特征。

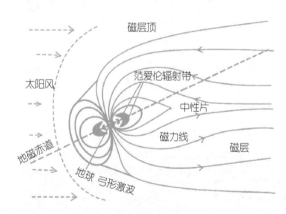

6.1.3　深空网络的建立

深空网络是一个支持星际任务、无线电通信以及利用射电天文学观察、探测太阳系和宇宙的国际天线网络，这个网络同样也支持某些特定的地球轨道任务。喷气推进实验室在1958年1月与美国军方的合同中就建立了深空网络的雏形。

导图

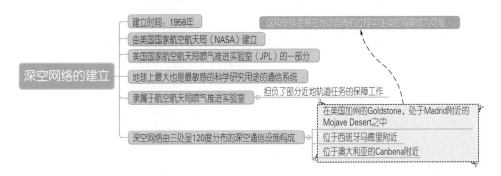

人物小史与趣事

★深空网络的历史

　　喷气推进实验室于1958年1月与美国军方的合同中建立了深空网络的雏形。当时在尼日利亚、新加坡以及加州都部署了轻型的无线电追踪设备来接收遥感勘测信号，以及描绘当时军方发射的探测者1号（第一颗发射成功的美国卫星）的轨道。美国国家航空航天局于1958年10月1日正式成立，它将当时由美国海陆空三军分散发展的各种太空探索计划整合入单一的一个民间组织。

　　1958年12月3日，喷气推进实验室从美国军方转入美国国家航空航天局并且被要求执行使用可自动操作的太空船的月球和星际探索计划的设计和实施。不久之后，美国国家航空航天局就提出了深空网络的概念，要建立一个单独管理和运作的无线通信设施来服务所有的深空任务，而不是针对每一个太空任务来开发专门的空间通信网络。针对所有的用户，深空网络有责任来进行独立的研究、开发和支持工作。在这样的概念的支持下，深空网络成为世界上在低噪接收器、追踪、遥感和指令系统、数字信号处理以及深空导航领域的领导者。

6.1.4　第一张月球背面照片

　　月球背面是什么样？由于在地球上看不到月球的背面，所以月球的背面蒙上了一层十分神秘的色彩。1959年，苏联发射的"月球3号"探测器，作为人类的使者第一次拍摄到了月球背面的照片。在这些照片上，天文学家辨认出500多个实体，其中大部分是环形山。此后，又多次发射探测器对月球背面拍摄，使得天文学家进一步查明了月球背面的情况，绘制了几乎整个月球背面图。

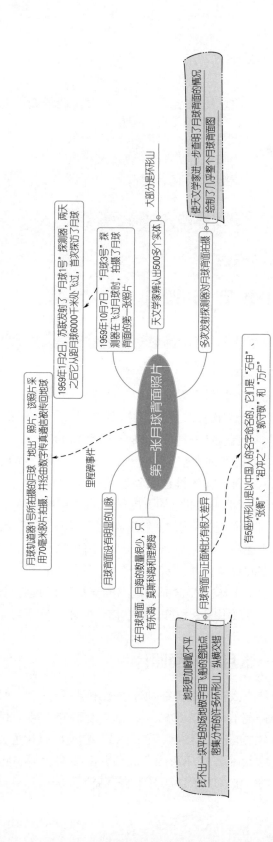

导图

第一张月球背面照片

月球轨道器1号所拍摄的月球"地出"照片，该照片采用70毫米胶片拍摄，并经由数字传真通信波传回地球

1959年1月2日，苏联发射了"月球1号"探测器，两天之后它从距月球6000千米处飞过，首次探访了月球

1959年10月7日，"月球3号"探测器在飞过月球时，拍摄了月球背面的第一张照片

天文学家辨认出500多个实体

大部分是环形山

使天文学家进一步查明了月球背面的情况绘制了几乎整个月球背面图

多次发射探测器对月球背面拍摄

里程碑事件

月球背面没有明显的山脉

在月球背面，月海的数量很少，只有东海、莫斯科海和理想海

月球背面与正面相比有很大差异

有5座环形山是以中国人的名字命名的，它们是"石申""张衡""祖冲之""郭守敬"和"万户"

地形更加崎岖凹凸不平找不出一块平坦的适做宇宙飞船的登陆点密集分布的许多环形山，纵横交错

人物小史与趣事

由执行阿波罗8号任务的宇航员威廉·安德斯在1968年所拍摄的那张月球"地出"照片被认为是人类宇航史上的里程碑事件，不过这个定义现在已经被改写，事实上人类早在1966年便获得了第一张"地出"照，但是由于种种原因，它一度被埋没了。

国外媒体报道称，美国国家航空航天局（NASA）的科学家在一次档案整理过程中意外发现了一张来自月球轨道器1号所拍摄的月球"地出"照片，该照片是采用70mm胶片拍摄的，并且经由数字传真通信被传回地球。

但遗憾的是，当年的研究者只顾着寻找适合人类登月的着陆地点而无暇欣赏这美丽的景色。目前，NASA的科学家已经通过现代化技术对照片进行了修复，从而让这张人类有记录以来第一个月球"地出"瞬间能够更长久地保存下去。

6.1.5 阿雷西博射电望远镜的建造

阿雷西博望远镜位于波多黎各岛的山谷中，是世界上第二大的单面口径射电望远镜，直径达305米，后扩建为350米，由康奈尔大学管理。这台射电望远镜于1963年建成，主反射面是球面，原来的天线是金属网，最短只能工作在50厘米波段。1972年～1974年间进行了改建，由38778块金属板拼接而成，使得工作波段达到5厘米。1980年，又进行了一次改建，将其口径扩大到366米。1997年的改造使得观测频率范围扩展为波长从6米到3厘米，使望远镜可以观测到更多的分子谱线。

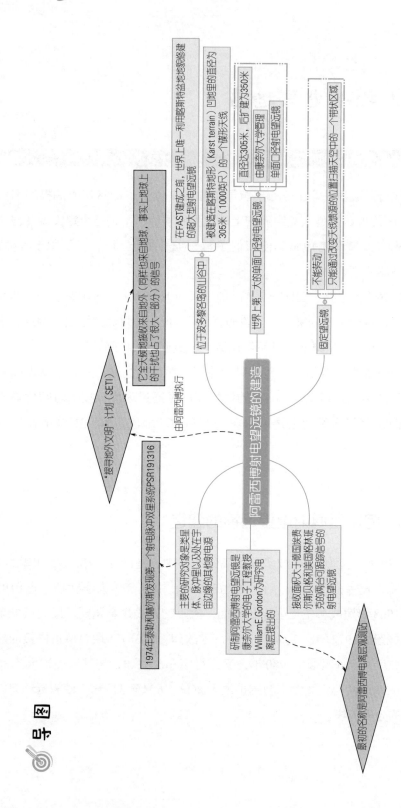

图导

阿雷西博射电望远镜的建造

"搜寻地外文明"计划（SETI）

由阿雷西博执行

它全天候地接收来自地外（同样也来自地球，事实上地球上的干扰也占了很大一部分）的信号

1974年泰勒和赫尔斯发现第一个射电脉冲双星系统PSR191316

在FAST建成之前，世界上唯一利用喀斯特盆地地貌修建的超大型射电望远镜

坐于双多黎各岛的山谷中

被建造在喀斯特地形（Karst terrain）凹地里的一个碟形天线
305米（1000英尺）的直径

世界上第二大的单面口径射电望远镜

直径达305米，后扩建为350米

由康奈尔大学管理

单面口径射电望远镜

固定望远镜

不能转动

只能通过改变天线馈源的位置扫描天空中的一个带状区域

主要的研究对象是类星体、脉冲星以及其他宇宙边缘的其他射电源

研制阿雷西博射电望远镜是康奈尔大学的电子工程教授William E.Gordon为初衷提出的

接收面积大于德国埃弗尔斯贝格和美国格林班克的两台可跟踪信号的射电望远镜

最初的名称是阿雷西博电离层观测站

人物小史与趣事

★阿雷西博信息

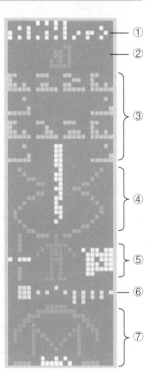

　　1974年，为了庆祝阿雷西博射电望远镜改造完成，阿雷西博望远镜向距离地球25000光年的球状星团M13发送了一串由1679个二进制数字组成的信号，称为阿雷西博信息。如果信息被地外智慧生命所接收，会读到如右图所示的信息。

　　该信息共有1679个二进制数字，而且1679这个数字只能由两个质数相乘，因此只能把信息拆成73条横行及23条直行，这是假设该信息的读者会先将它排成一个四边形。如果把它排成23条横行，它会变成白色噪声，相反如果把它排成73条横行，便可排出图中的一幅信息。它表示的意义从上到下依次为：

　　① 用二进制表示的1 ~ 10十个数字。

　　② DNA所包含的化学元素序号，根据上面的数字规则，它们分别是1、6、7、8、15。这表示人类DNA的5种化学元素——氢、碳、氮、氧、磷，1、6、7、8、15正是这5种元素的原子序数。

　　③ 核苷酸的化学式，二进制数1111111111110111 1111101101011110，也就是10进制的4294441823，它是人体DNA中的核苷酸的数量。

　　④ DNA的双螺旋形状。

　　⑤ 人的外形，左边的几个像素则说明了人体的大致尺寸，它由一条与小人等高的竖线段和一个横着写的二进制数14组成，表示人类的平均身高是这段电波的波长（126毫米）的14倍，也就是1764毫米（1.764米）。小人右边是一个非常大的二进制数11 111111 110111 111011 111111 110110，也就是10进制的4 292 853 750，这是1974年全球的人口数量。

　　⑥ 太阳系的组成：左边的大方块表示太阳，右边那些小块儿则表示九大行星。其中，代表第三颗行星的像素被升高了一格，它正好位于前面提到的那个小人的脚下。这就是我们所居住的星球——地球。

　　⑦ 阿雷西博射电望远镜的形状，射电望远镜下面有一条与这个望远镜等宽的横线条，中间写有数字2430。它表示射电望远镜的直径是该电波的波长的

2430倍，也就是306180毫米（306.18米）。

知识链接

球状星团

球状星团由成千上万，甚至几十万颗恒星组成，外貌呈球形，越往中心恒星越密集。球状星团里的恒星平均密度比太阳周围的恒星密度高几十倍，而它的中心附近则要大数万倍。同一个球状星团内的恒星具有相同的演化历程，运动方向和速度都大致相同，它们很可能是在同时期形成的。它们是银河系中最早形成的一批恒星，有约100亿年的历史。

6.1.6　类星体的发现

类星体是1963年被发现的一类特殊天体。它们由于看起来是"类似恒星的天体"而得名，而实际上却是银河系外能量巨大的遥远天体，其中心是猛烈吞噬周围物质、质量超过千万个太阳质量的超大质量黑洞。这些黑洞虽然自身并不发光，但由于其强大的引力，周围物质在快速落向黑洞的过程中以类似"摩擦生热"的方式释放出巨大的能量，使得类星体成为宇宙中最耀眼的天体。

导图

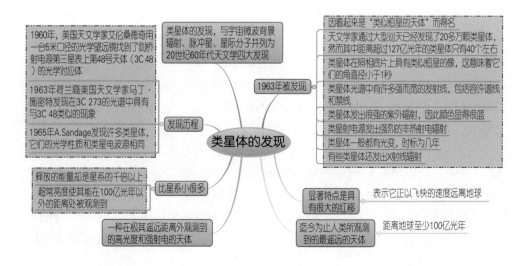

人物小史与趣事

艾伦·桑德奇（Allan Rex Sandage，1926—2010），美国著名天文学家。

桑德奇1926年6月18日出生于美国爱荷华州爱荷华市，1953年从加州理工学院获得博士学位。他曾经担任过埃德温·哈勃（Edwin Hubble）的助手。桑德奇以其对造父变星的精确观测而知名，结果用来确定宇宙的年龄和膨胀速度，即所谓的哈勃常数。

桑德奇一生获得荣誉无数；包括1970年的美国国家科学奖章，1975年的太平洋天文学会布鲁斯奖章，以及1991年的克雷福德奖。

艾伦·桑德奇

马丁·施密特（Maarten Schmidt，1929—），1929年12月28日出生于荷兰格罗宁根，荷兰天文学家。施密特师从扬·亨德里克·奥尔特（Jan Hendrik Oort），并于1956年在莱顿天文台获得博士学位。马丁·施密特第一个意识到射电源3C 273的光谱中无法证认的宽发射线，其实是高红移后的氢的巴尔末线和电离氧的谱线，从而成为"类星体"这一天体种类公认的发现者。

马丁·施密特

★ "类星体"公认的发现者

1959年，马丁·施密特迁往美国并进入加州理工学院任职。刚开始，马丁·施密特的研究是关于星系动力学和质量分布的理论。在这个时期，马丁·施密特提出了涉及在星际云气中恒星形成率和星际物质密度相关的施密特定律。紧接着马丁·施密特开始研究无线电波源的光谱。1963年，马丁·施密特使用帕洛马山天文台著名的200英寸口径的反射望远镜确定一个可见光下的天体就是电波源3C 273并研究其光谱。这个外表像恒星的物体看起来距离地球相对较近，但3C 273的光谱却出现高达0.158的红移，代表这个物体距离银河系极远，而且光度极高。施密特因此将3C 273称为"类星体"，之后又发现了数千个类星体。

类星体3C 273

类星体3C 273，为马丁·施密特所发现，亮度约是太阳的$4×10^{12}$倍。3C 273是天空中最明亮的类星体，也是第二个被发现的类星体。早在1963年人们就发现了这个射电源，它是由澳大利亚天文学家西里尔·哈泽德用月亮掩食的方法精确定位的。

6.1.7 "金星3号"抵达金星

1965年11月12日年苏联发射"金星3号"，该探测器是第一台成功着落金星的探测器。"金星3号"携带了334千克的着陆器，在1966年12月16日成功进入轨道，1966年3月1日，其向金星发射登陆器，但没有传回数据，估计是由于降落时候撞毁，其上携带有苏联国徽和地球模型。金星3号成为第一个抵达金星的地球人造物体。

导图

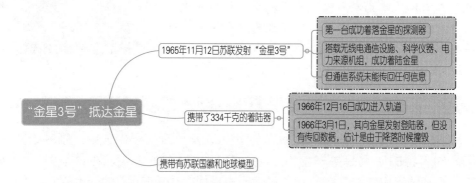

6.1.8 脉冲星的发现

脉冲星，就是旋转的中子星，在1967年首次被发现。当时，还是一名女研究生的乔丝琳·贝尔，发现狐狸星座有一颗星会发出一种周期性的电波。经过仔细分析，科学家认为这是一种未知的天体。因为这种天体不断地发出电磁脉冲信号，就将它命名为脉冲星。

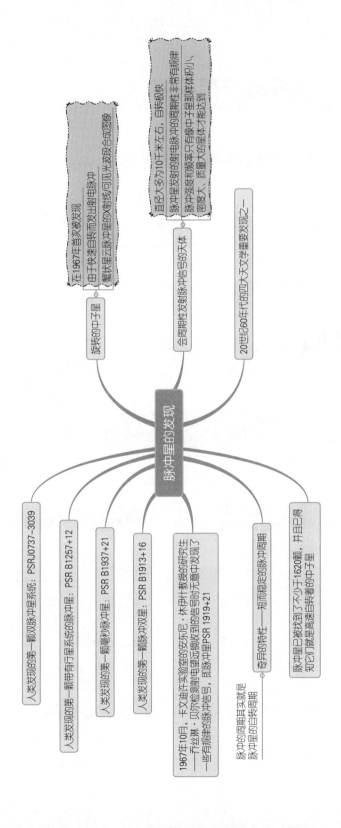

导图

脉冲星的发现

旋转的中子星
- 在1967年首次被发现
- 由于快速自转而发出射电脉冲
- 蟹状星云脉冲星的X射线/可见光波段合成图像

会周期性发射脉冲信号的天体
- 直径大多为10千米左右，自转极快
- 脉冲星发射的射电脉冲的周期性非常有规律
- 脉冲强度和频率只有像中子星那样体积小、密度大、质量大的星体才能达到

20世纪60年代的四大天文学重要发现之一

人类发现的第一颗双脉冲星系统：PSR J0737-3039

人类发现的第一颗带有行星系统的脉冲星：PSR B1257+12

人类发现的第一颗毫秒脉冲星：PSR B1937+21

人类发现的第一颗脉冲双星：PSR B1913+16

1967年10月，卡文迪什实验室的安东尼·休伊什教授的研究生乔丝琳·贝尔检测射电望远镜记录的信号时无意中发现了一些有周期性的脉冲信号，即脉冲星 PSR 1919+21

脉冲的周期其实就是脉冲星的自转周期

奇异的特性——短而稳定的脉冲周期

脉冲星已被找到了不少于1620颗，并且已得知它们就是高速自转着的中子星

6.2 ☀ 太阳系行星探索

6.2.1 第一次登月和第二次登月

1961年5月25日，美国肯尼迪总统向全世界宣布实施宏伟的载人登月计划。这个"阿波罗"载人登月计划虽然是美国与苏联竞赛的产物，但也可以认为是人类向太阳系扩张的第一步。在美国东部时间1969年7月20日下午4时17分42秒，阿姆斯特朗将左脚小心翼翼地踏上了月球表面，这是人类第一次踏上月球。1969年11月24日，美国宇宙飞船第二次登月。

🎯 导 图

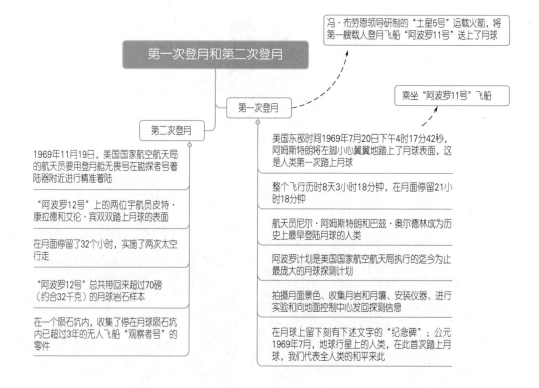

人物小史与趣事

★ 我是从别的星球来到地球的第一人

登月第一人阿姆斯特朗因一句"我个人迈出了一小步，人类却迈出了一大步"的豪言壮语而家喻户晓。是啊，这不能不家喻户晓，登月，实现人类最原始的梦想，本身就是壮举，那登月之人理所当然就是这个壮举的完成者，其冒险精神和为科技献身的精神当然受人敬重了。可是，这还远远不够，他冒险，不是为了自己，而是为人类进步。他的精神远远超越了国界、超越了科技、超越宇宙空间的一切思维，我们应该向他致敬。

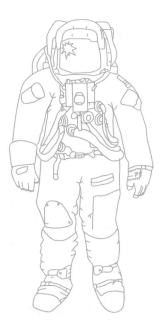

可是，当人们将注意力全部集中在阿姆斯特朗身上时，却忽略了另一个人，他就是阿姆斯特朗的助手奥尔德林，聚光灯、欢呼声中的阿姆斯特朗完全掩盖了这个登月故事的配角。奥尔德林不但被忽略，甚至被挖苦，有记者走到奥尔德林身边，提出了一个很有讽刺意味的问题："作为同行者，阿姆斯特朗成为登陆月球的第一人，你是否感觉到有点遗憾？"而机智幽默的奥尔德林巧妙地化解了尴尬："各位，千万别忘记了，回到地球时，我可是最先迈出太空舱的！所以，我是从别的星球来到地球的第一人。"

冯·布劳恩（Wernher von Braun，1912—1977），1912年出生于德国。第二次世界大战期间，布劳恩是德国著名的火箭专家，对V-1与V-2火箭的诞生起了关键性作用。大战结束之际，布劳恩及其科研班子投降美国。1955年布劳恩加入美国国籍，而且继续在美国从事火箭、导弹和航天研究，曾获得一系列勋章、奖章和荣誉头衔。1969年，布劳恩领导研制的"土星5号"运载火箭，将第一艘载人登月飞船"阿波罗11号"送上了月球。1981年4月首次试飞成功的航天飞机，当初也是在布劳恩手里发端的。

▷ 冯·布劳恩

因此，布劳恩被称誉为"现代航天之父"。1977年6月，布劳恩病逝于华盛顿亚历山大医院。

6.2.2 "金星7号"着陆金星

"金星7号"，是苏联发射的金星号探测器，于1970年12月15日在金星实现软着陆。

导图

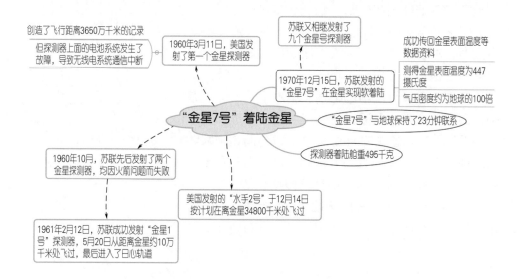

6.2.3 月球车的出现

月球车是一种能够在月球表面行驶并完成月球探测、考察、收集和分析样品等复杂任务的专用车辆。世界上第一台无人驾驶的月球车于1970年11月17日由苏联发射的"月球17号"探测器送上月球。1971年7月31日，"阿波罗15号"上的宇航员戴维斯R.斯科特和詹姆斯B.欧文进行了人类首次月球车行驶，他们驾驶着4轮月球车，在崎岖不平的月球表面上，越过陨石坑和砾石行驶了数千米。

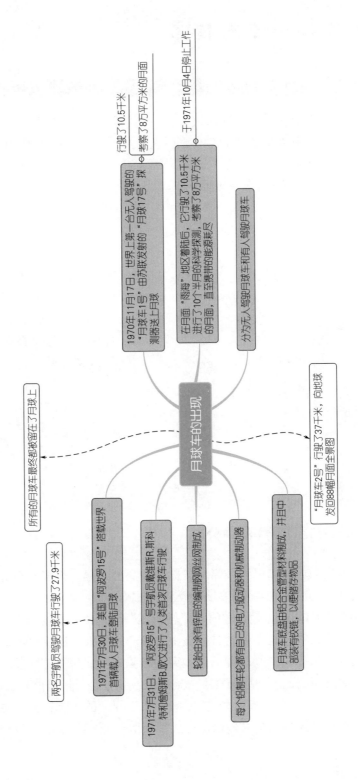

导图

月球车的出现

所有的月球车最终都被留在了月球上

1970年11月17日，世界上第一台无人驾驶的"月球车1号"由苏联发射的"月球17号"探测器送上月球

行驶了10.5千米

考察了8万平方米的月面

在月面"雨海"地区着陆后，它行驶了10.5千米，进行了10个半月的科学探测，考察了8万平方米的月面，直至携带的能源耗尽

于1971年10月4日停止工作

分为无人驾驶月球车和有人驾驶月球车

两名宇航员驾驶月球车行驶了27.9千米

1971年7月30日，美国"阿波罗15号"搭载世界首辆载人月球车登陆月球

1971年7月31日，"阿波罗15号"宇航员戴维斯R.斯科特和詹姆斯B.欧文进行了3人类首次月球车行驶

轮胎由涂有锌层的编制钢丝网制成

每个铝制车轮都有自己的电力驱动器和机械制动器

月球车底盘由铝合金管型材料制成，并且中部装有枢纽，以便储存物品

"月球车2号"行驶了37千米，向地球发回88幅月面全景图

人物小史与趣事

★中国月球车

哈尔滨工业大学曾经制造过一款六轮摇臂转向架式月球车，上海交通大学也曾制作过一款外形炫目的"小蛛行人"月球车，还有中国空间设计研究院牵头设计的月球车。

2013年11月26日上午9时许，国防科技工业局举行新闻发布会，宣布"嫦娥三号"月球车正式名称为"玉兔号"。"玉兔号"是中国首辆月球车，设计质量为140千克，以太阳能为能源，能够耐受月球表面真空、强辐射、零下180摄氏度到零上150摄氏度的极限温度等极端环境。月球车具备20度爬坡、20厘米越障能力，并且配备有全景相机、红外成像光谱仪、测月雷达、粒子激发X射线谱仪等科学探测仪器。同时测月雷达还可测地下100米深次表层的结构，系世界首次。

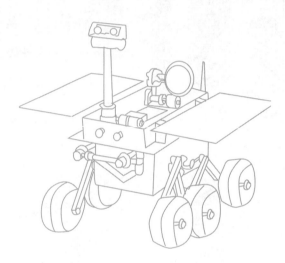

6.2.4 伽马射线暴的公布

在天文学界，伽马射线爆发被称作伽马射线暴。究竟什么是伽马射线暴？它来自何方？它为何会产生如此巨大的能量？

20世纪60年代，美国发射了"船帆座"卫星，上面安装了监测伽玛射线的仪器，用于监视苏联和中国进行核试验时产生的大量伽马射线。1967年，这颗卫星发现来自宇宙空间的伽马射线突然增强，随即又快速减弱的现象，这种现象是随机发生的，大约每天发生一到两次，强度可以超过全天伽马射线的总和，且来源不是在地球上，而是宇宙空间。由于保密的原因，关于伽马射线暴的首批观测资料直到1973年才发表，并且很快得到了苏联Konus卫星的证实。

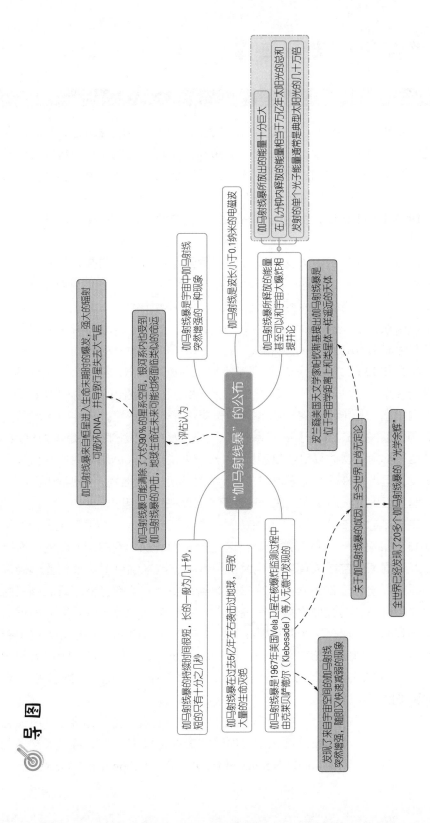

导图

"伽马射线暴"的公布

伽马射线暴来自恒星进入生命末期时的爆发，强大的辐射可破坏DNA，并导致行星失去大气层

伽马射线暴可能清除了大约90%的星系空间，银河系内也受到伽马射线暴的冲击，地球生命在未来可能也将面临类似的命运

评估认为

伽马射线暴是宇宙中伽马射线突然增强的一种现象

伽马射线波长小于0.1纳米的电磁波

伽马射线暴所释放的能量十分巨大

伽马射线暴所释放的能量可能是和宇宙大爆炸相提并论

在0.1分钟内释放的能量相当于万亿年太阳光的总和

发射的单个光子能量通常是典型大型太阳光的几十万倍

波兰裔美国天文学家帕钦斯基最初提出伽马射线暴位于宇宙学距离上和类星体一样遥远的天体

关于伽马射线暴的成因，至今世界上尚无定论

全世界已经发现了20多个伽马射线暴的"光学余辉"

伽马射线暴的持续时间很短，长的一般为几十秒，短的只有十分之几秒

伽马射线暴在过去5亿年左右袭击过地球，导致大量的生命灭绝

伽马射线暴是1967年美国Vela卫星在核爆炸监测过程中由克莱贝德尔（Klebesadel）等人无意中发现的

发现了来自宇宙空间的伽马射线突然增强，随即又快速减弱的现象

人物小史与趣事

★几次特别的伽马射线暴

1997年12月14日，发生的伽马射线暴距离地球远达120亿光年，所释放的能量比超新星爆发还要大几百倍，在50秒内所释放出的伽马射线能量就相当于整个银河系200年的总辐射能量。这次伽马射线暴持续时间在一两秒内，其亮度与除了它以外的整个宇宙一样明亮。

1999年1月23日，发生的伽马射线暴更加猛烈，它所放出的能量是1997年的十倍。

2009年4月23日，天文学家曾经观测到迄今最遥远的伽马射线暴，它距离地球约131亿光年，也是人类观测到的最遥远天体，导致该伽马射线暴发生的强烈爆炸发生在宇宙起源后不到7亿年时。研究小组评估称，黑暗伽马射线暴在宇宙早期阶段所有的伽马射线暴中只占0.2% ～ 0.7%，这也说明宇宙起源早期并没有发生非常多的恒星形成现象。

2004年12月27日，地球曾遭遇巨型"耀斑"袭击，来自宇宙深处的高能伽马射线暴轰击了地球大气。轰击在小于一秒的瞬间发出的能量相当于太阳在50万年内发出的总能量。这一事件来自一类中子星：磁星。这种中子星具有超强的磁场，爆发的这颗位于银河系的另一端。发生爆发的磁星编号为SGR 1806-20，也被称为"软伽马射线复现源"，一般来说这类天体辐射集中在低能伽马射线波段，但当其磁场发生重置时，便会发生强烈能量爆发。它距离地球达5万光年，但它巨大的威力使人们在地球上甚至用肉眼都能看见。

2013年11月24日，多国研究人员报告他们利用太空与地面望远镜观测到截至2013年最亮的一个伽马射线暴，这也是人们所观测到的最剧烈的一次宇宙爆炸。美国国家航空航天局的雨燕太空望远镜、费米伽马射线太空望远镜以及其他地面望远镜，于2013年4月27日观测到在多个方面都打破纪录的伽马射线暴GRB 130427A，其亮度之高使在地球上拿双筒望远镜都可以看见。根据对余晖的光谱观测还发现，这个伽马射线暴发生在距地球约36亿光年处，这个距离仅仅为典型伽马射线暴的三分之一。引发这个伽马射线暴的是一颗巨大恒星的爆炸，该恒星的质量是太阳的20到30倍，但体积却只有太阳的3到4倍，是一颗非常致密的恒星。

科学家最新研究称，地球在公元8世纪时曾遭受宇宙中迄今已知的最强大的爆炸——伽马射线爆发的洗礼。这项研究的报告发表在国际著名天文刊物《皇家天文学会月报》（Monthly Notices of the Royal Astronomical Society）上。

6.2.5 "先驱者10号" 发回木星的近距离图像

"先驱者10号"（Pioneer 10或Pioneer F）是NASA于1972年3月2日发射的一艘航天飞行器。它是第一艘越过小行星带的飞行器，第一艘近距离观测木星的飞行器，并于1973年12月3日发回了第一组木星的近距离拍摄的图像。

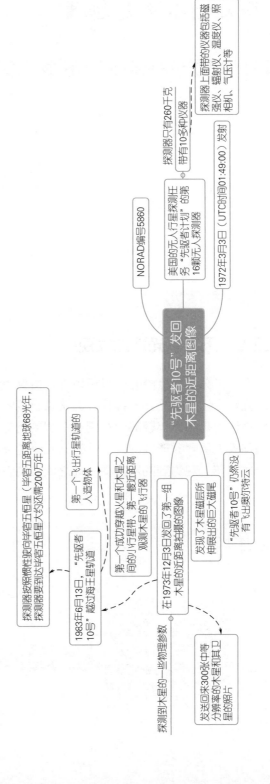

导图

- NORAD编号5860
- 美国的无人行星探测器，另"先驱者计划"的第16颗无人探测器
- 1972年3月3日（UTC时间01:49:00）发射
- 探测器只有260千克
- 带有10多种仪器
- 探测器上面带的仪器包括磁强仪、辐射仪、温度仪、照相机、气压计等

"先驱者10号" 发回木星的近距离图像

- 探测器按照惯性以双曲线相星（半倍五距离地球68光年，探测器要到达半倍五相星大约还需200万年）
- 第一个飞出行星轨道的人造物体
- 1983年6月13日，"先驱者10号" 越过海王星轨道
- 第一个成功穿越火星和木星之间的小行星带、第一艘近距离观测木星的飞行器
- 在1973年12月3日发回了第一组木星的近距离拍摄的图像
- 发现了木星磁层所伸展出的巨大磁尾
- "先驱者10号" 仍然没有飞出奥尔特云
- 探测到木星的一些物理参数
- 发送回来300张中等分辨率的木星和其卫星的照片

人物小史与趣事

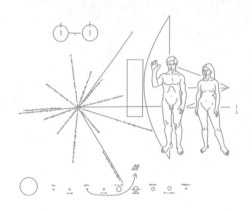

"先驱者10号"身上携有一块载有人类信息的镀金铝板。倘若探测器被外星的高智慧生物捕获,这块镀金铝板将会向他们解释这艘探测器的来源。铝板上绘有一名男性及女性的图像,氢原子的自旋跃迁,以及太阳与地球在银河系里的位置。

6.2.6　天王星光环的发现

天王星有一个暗淡的行星环系统,由直径约十米的黑暗粒状物组成,天王星的光环像木星的光环一样暗,但又像土星的光环那样有相当大的直径。天王星环被认为是相当年轻的,在圆环周围的空隙和不透明部分的区别,暗示它们不是与天王星同时形成的,环中的物质可能来自被高速撞击或潮汐力粉碎的卫星。1977年,观测到的星光在光环之间忽亮忽暗,令天文学家发现了天王星的光环。

导图

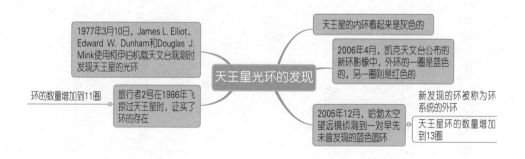

6.2.7　冥卫一的发现

冥卫一，即冥王星的卫星，又称为卡戎，是在1978年发现的。

导图

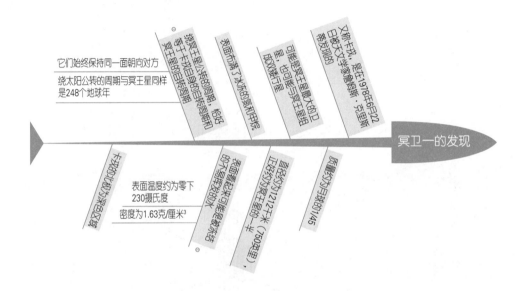

它们始终保持同一面朝向对方

绕太阳公转的周期与冥王星同样是248个地球年

绕冥王星公转的周期，恰好等于卡戎自身的自转周期和冥卫星的自转周期

表面布满了冰的氮和甲烷

可能是冥王星最大的卫星，也可能与冥王星组成双系统

又称卡戎，是在1978年6月22日被天文学家詹姆斯·克里斯蒂发现的

冥卫一的发现

卡戎的构成主要由冰构成

表面温度约为零下230摄氏度

密度为1.63克/厘米³

表面看起来可能是冰和水结的不可能是冰和冻水

直径约为1212千米（750千米）正好约为冥王星直径的一半（由地球看到）

质量为冥王星的1/45

人物小史与趣事

★冥卫一经历的掩星过程

2005年7月，冥卫一经历了过去25年唯一一次掩星过程。在这一过程中，冥卫一穿过一个星体的大气，其光线变暗，而且被反射。科学家利用这次机会，通过架设在智利的欧洲南方天文台望远镜对冥卫一进行了观测。观测数据表明，冥卫一的密度是水的1.7倍，因此可以断定它是一个冰体，而岩石则占到其体积的一半。这一研究结果表明，冥卫一与冥王星的组成相同，支持了前者可能是后者与大型天体相撞后崩裂出去而形成的推测，同样也解释了两者之间的距离为何较近。科学家还较为精确地计算出冥卫一的其他数据，冥卫一的直径在1206千米到1212千米之间，大约是冥王星的一半。

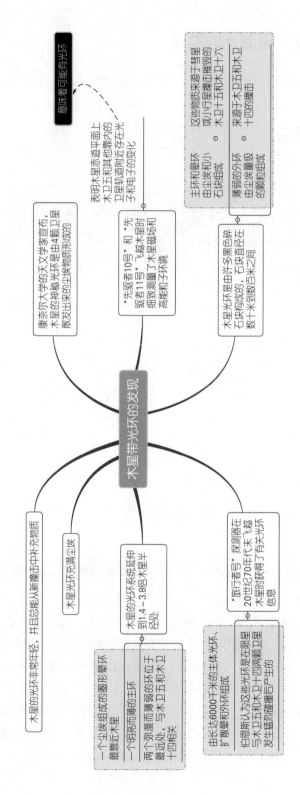

6.2.8 木星带光环的发现

过去有人猜测，在木星附近有一个尘埃层或环，但一直未能证实。那么，木星是否带有光环呢？它的光环是怎样的？1979年3月7日，"旅行者1号"发现木星是带有光环的。

 导图

6.2.9 "先驱者11号"接近土星

"先驱者11号"探测器是第二个用来研究木星和外太阳系的空间探测器，也是去研究土星和它的光环的第一个探测器。与"先驱者10号"不同，"先驱者11号"（也称作"先驱者G号"）不仅拜访了木星，还利用了木星的强大引力去改变它的飞向土星。它靠近土星后，就顺着它的逃离轨道离开太阳系。"先驱者11号"于1979年9月1日最接近土星，离土星最高云层在21000千米以内。

导图

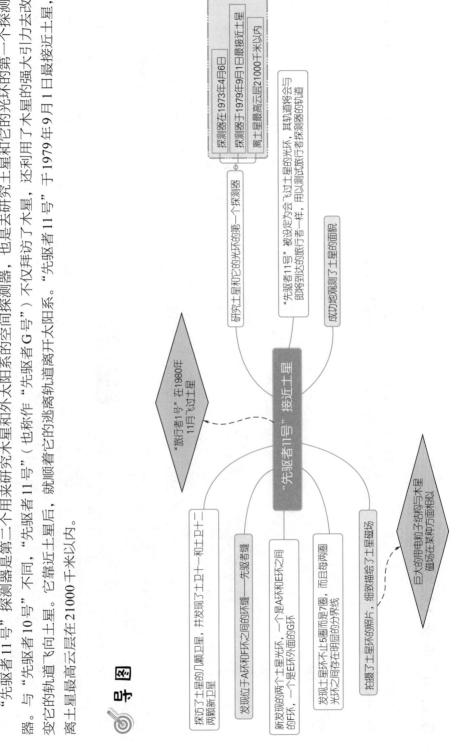

6.2.10 航天飞机发射

"哥伦比亚号"航天飞机是美国的太空梭机队中第一架正式服役的航天飞机，它在1981年4月12日执行代号STS-1的任务，正式开启了NASA的太空运输系统计划（Space Transportation System Program，STS）的序章。

 导图

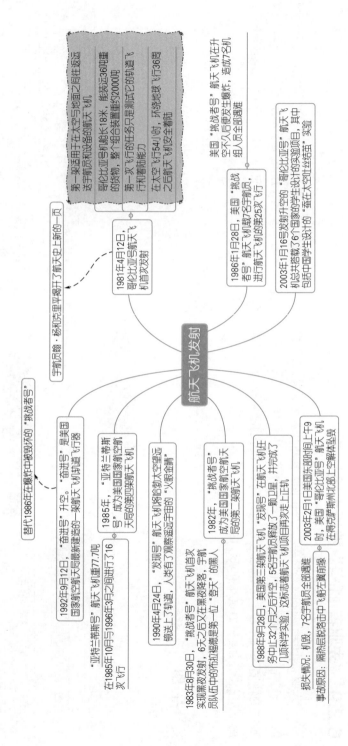

航天飞机发射

宇航员·杨利伟平喝开了航天史上新的一页

1981年4月12日，哥伦比亚号航天飞机首次发射

第一架适用于太空与地面之间往返运送宇航员和设备的航天飞机

哥伦比亚号机翼长18米，能运36吨重的货物，整个组合装置重约2000吨

第一次飞行的任务只是测试它的轨道飞行和着陆能力

在太空飞行54小时、环绕地球36周之后航天飞机安全着陆

替代1986年在爆炸中被毁坏的"挑战者号"

1992年9月12日，航天飞机重77.7吨
"亚特兰蒂斯号"航天飞机在1985年10月与1996年3月之间进行了16次飞行

1985年，"亚特兰蒂斯号"成为美国国家航空航天局的第四架航天飞机

1990年4月24日，"发现号"航天飞机将哈勃太空望远镜送上了轨道，人类有了观察遥远宇宙的"火眼金睛"

1982年，"挑战者号"成为美国国家航空航天局的第二架航天飞机

1983年8月30日，"挑战者号"6天之后在黑夜降落，宇航员伍中的布拉福德是第一位"登天"的黑人

1988年9月28日，美国第三架航天机"发现号"在航天飞机停飞务中止32个月之后升空，5名宇航员释放了一颗卫星，并完成了几项科学实验，这标志着航天飞机项目再次启动力

2003年2月1日美国东部时间上午9时，美国"哥伦比亚号"航天飞机在得克萨斯州北部上空解体坠毁

损失情况：机毁，7名宇航员全部遇难
事故原因：隔热层脱落在飞船左翼形成裂缝

1986年1月28日，美国"挑战者号"航天飞机载7名宇航员，进行航天飞机的第25次飞行

美国"挑战者号"航天飞机在升空不久后便发生爆炸，机组人员全部遇难

2003年1月16号发射升空的"哥伦比亚号"航天飞机共搭载了6个国家的学生设计的实验项目，其中包括中国学生设计的"蚕在太空吐丝结茧"实验

人物小史与趣事

> ★ "挑战者号"升空爆炸

美国"挑战者号"的发射时间原定在1月25日。但因天气不好，推迟了3天。升空时间计划在上午9时38分，但不寻常的低温使航天飞机的机体及其地面支撑结构上结了冰，因此又推迟2个小时。

1986年1月28日，美国"挑战者号"航天飞机载7名宇航员，进行航天飞机的第25次飞行。这天早晨，成千上万名参观者聚集到肯尼迪航天中心，等待一睹"挑战者号"腾飞的壮观景象。上午11点8分，在人们目送之下，"挑战者号"离地升空，一切正常地上升了74秒。随后，当"挑战者号"距地面10英里其主引擎正要被推至全速时，航天飞机在一团火球中爆炸了。来自航天飞机的最后一句话是："明白，全速前进！"这是斯科比对飞行控制中心说的。爆炸时出现两股巨大的白色烟云，紧接着，残骸碎片雨点般落下。起初，在数以千计的旅游者、宇航局的官员、记者和其他观众包括克里斯塔·麦考利夫的丈夫、两个孩子以及父母，没人意识到发生了什么事，但当橘红色火团在空中坠下时，为"挑战者号"欢呼的人们愕然止声。

这次太空罹难的7名宇航员当中，有两名女宇航员。特别引人注目的是第一次参加太空飞行的女教师麦考利夫。原计划她将在太空给她的学生进行现场授课，不幸的是麦考利夫壮志未酬，献出了宝贵的生命。此次太空事故直接造成经济损失12亿美元，为航天飞机继续飞行罩上了一层浓重的阴影，成为人类航天史上最为严重的一次载人航天事故，使全世界对征服太空的艰巨性有了一个明确的认识。打捞收集挑战者号残骸碎片后经过调查分析，最后确定挑战者号爆炸是因右侧固体火箭助推器连接处设计上的缺陷和气温过低，O形密封垫圈失效所致。后来科学家们对所有航天飞机进行了全面的检查，采取了改进措施，提高了航天飞机的可靠程度。两年之后，美国航天飞机开始恢复飞行。

6.2.11 "旅行者2号"抵达天王星

"旅行者2号"探测器是美国国家航空航天局研制的飞往太阳系外的两艘空间探测器的第二艘，于1977年8月20日在肯尼迪航天中心成功发射升空。最初该探测器是作为水手计划中的"水手12号"，它成为旅行者计划中"旅行者1

号"（也叫"水手11号"）的姊妹探测器。"旅行者2号"在1986年1月24日最接近天王星，并随即发现了10个之前未知的天然卫星。

导图

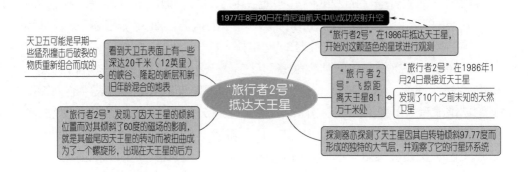

6.2.12 发现超新星1987A

1987年2月23日，一位加拿大天文学家在大麦哲伦星云中发现了一颗5等星，它很快就被证实是一颗超新星，立即在世界各国的天文学界引起了轰动。

导图

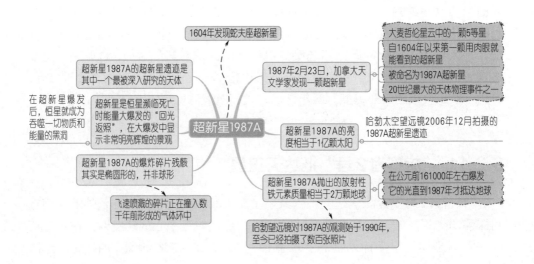

6.2.13 "旅行者2号"飞越海王星

"旅行者2号"于1977年8月20日在肯尼迪航天中心成功发射升空，在1989年8月25日最接近海王星。

 导图

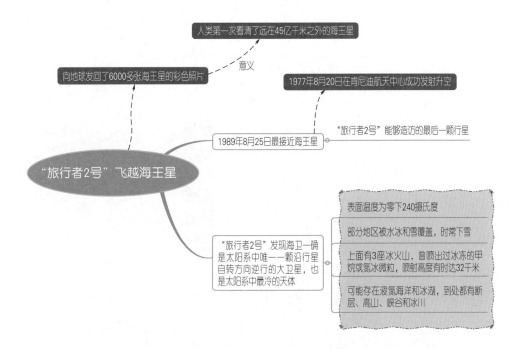

6.2.14 哈勃空间望远镜进入太空

哈勃空间望远镜是以著名天文学家、美国芝加哥大学天文学博士埃德温·哈勃的名字命名，在地球轨道上并且围绕地球的太空空间望远镜，它于1990年4月24日在美国肯尼迪航天中心由"发现者号"航天飞机成功发射。

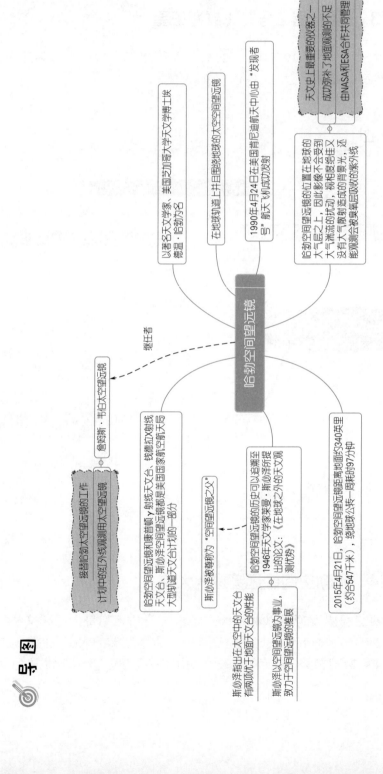

导图

哈勃空间望远镜

以著名天文学家、美国芝加哥大学天文学博士埃德温·哈勃为名

在地球轨道上并且能绕地球的太空空间望远镜

1990年4月24日在美国肯尼迪航天中心由"发现者号"航天飞机成功发射

哈勃空间望远镜的位置在地球的大气层之上，因此影像不会受到大气湍流的扰动，如相隔甚远又没有大气散射造成的背景光，还能观测到被臭氧层吸收的紫外线

天文史上最重要的仪器之一

成功弥补了地面观测的不足

由NASA和ESA合作共同管理

纵任者

接替哈勃空间望远镜的工作

计划中的近红外线观测用太空望远镜

詹姆斯·韦伯太空望远镜

斯必泽指出在太空中的天文台有两项优于地面天文台的性能

斯必泽以空间望远镜为事业，致力于空间望远镜的推进

哈勃空间望远镜和康普顿γ射线天文台、钱德拉X射线天文台、斯必泽太空望远镜都是美国国家航空航天局大型轨道天文台计划的一部分

斯必泽被尊称为"空间望远镜之父"

哈勃空间望远镜的历史可以追溯至1946年天文学家莱曼·斯必泽所提出的论文：《在地球之外的天文观测优势》

2015年4月21日，哈勃空间望远镜距离地面约340英里（约合547千米），绕地球公转一周耗时约97分钟

人物小史与趣事

莱曼·斯必泽

莱曼·斯必泽（Lyman Spitzer，1914—1997），美国理论物理学家、天文学家。他的主要贡献在星系动力学、等离子体物理学、热核聚变和空间天文学方面。1946年，莱曼·斯必泽发表的论文《在地球之外的天文观测优势》第一次提出了构造哈勃望远镜的构想。他是提出在太空中放置天文望远镜的第一人，推动了哈勃空间望远镜的发展，也因此被尊称为"空间望远镜之父"，享誉天文学界。

6.2.15 "麦哲伦号"绘制金星地图

1989年5月5日，"麦哲伦号"金星探测器在美国肯尼迪航天中心由"亚特兰蒂斯号"航天飞机携带升空，"麦哲伦号"是美国11年来发射的第一个从事星际考察的探测器，也是从航天飞机上发射的第一个担负这种任务的探测器。当航天飞机飞越太平洋上空时，"麦哲伦号"从航天飞机货舱内施放出来，大约在1小时后，推力达近4万千克的两级惯性顶级火箭将其送上前往金星的轨道。"麦哲伦号"经过462天的太空飞行，于1990年8月10日，飞临离地球2.54亿千米的地方对金星进行考察。

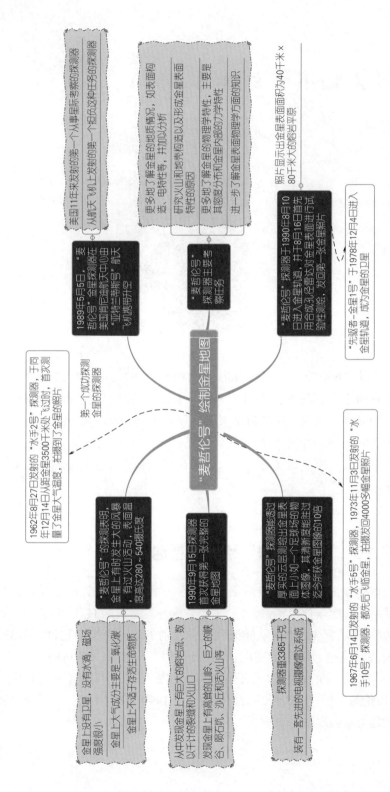

导图

"麦哲伦号"绘制金星地图

1989年5月5日，麦哲伦号金星探测器在美国肯尼迪航天中心由"亚特兰蒂斯号"航天飞机携带升空

美国航天飞机上发射的第一从事星际考察的第一个担负这种任务的探测器

"麦哲伦号"探测器主要考察任务

- 更多地了解金星的地质情况，如表面构造、电特性等，并加以分析
- 更多地了解金星的物理学特性，主要是研究火山和地壳结构以及形成金星表面其他貌分析对金星内部的刀字特性
- 进一步了解金星表面物理学方面的知识

"麦哲伦号"探测器于1990年8月10日进入金星轨道，并于8月16日首先用合成孔径雷达对金星表面进行试验性测绘，发回第一张金星照片

照片显示出金星表面面积为40千米×80千米大的哈罗岩平原

"先驱者-金星1号"于1978年12月4日进入金星轨道，成为金星的卫星

1962年8月27日发射的"水手2号"探测器，于同年12月14日从人距金星3500千米处飞过时，首次测量了金星大气温度，拍摄到了金星的照片

第一个成功探测金星的探测器

"麦哲伦号"的探测从表明，金星上有时发生大的风景有过火山活动，表面温度最高达280～540摄氏度

- 金星上没有卫星，没有水流，磁场强度很小
- 金星上大气主要是二氧化碳
- 金星上不适于孕育生命物质

1990年9月15日探测器首次获得第一张完整的金星地图

- 从中发现金星上有巨大的峡谷、陨石坑、沙丘和活火山等
- 发现金星上有高耸的山脉、数以千计的裂缝和

"麦哲伦号"探测照能透过厚实的云层测绘出金星表面上小如一个足球场的物体图像，其清晰度能超过迄今拍摄金星图像的10倍

- 探测器重3365千克，装有一套先进的电视摄像通信系统

1967年6月14日发射的"水手5号"探测器，1973年11月3日发射的"水手10号"探测器，都先后飞临金星，拍摄发回4000多幅金星照片

人物小史与趣事

★ "麦哲伦号"金星探测器的科学使命

1994年10月12日，被誉为最成功的星际探测飞船的"麦哲伦号"金星探测器与地面失去了最后的无线电通信联系，在过去的5年5个月时间内一直跟踪着这艘无人驾驶宇宙飞船运行的美国科学家们为此而在手臂上戴上了黑纱。

美国国家航空航天局下属的喷气推进实验室随即宣布，"麦哲伦号"金星探测器发出的最后信号于格林尼治时间当天10时02分抵达地面，对其进行的无线电监听此后还持续了8个小时。很显然是因为探测器上太阳能电池输出电压过低，导致无线电装置已经无法维持工作状态。尽管"麦哲伦号"探测器的实际状况人们已经无从获知，但根据其飞行轨迹测算出的结果显示，"麦哲伦号"还在飞行，但其高度在不断地降低，最终将在金星大气压力的作用下分裂成数块碎片，最早于14日落到温度高达500摄氏度的金星表面上。

"麦哲伦号"自1989年5月由航天飞机释放进入太空并且于次年8月接近金星以来，已经围绕该行星飞行15018周，运用能够透视金星云层的先进雷达对其98%的地貌全景进行了测绘，发回的数据在数量上已经超过此前其他的探测器发回数据的总和。

鉴于已经无法将这一耗资8亿多美元的探测器回收到地面上，科学家们5次遥控启动"麦哲伦号"的助推发动机，使其从相距金星表面大约135千米的近圆形轨道转入到逐渐落向金星表面的弧形轨道，并且作最后的航天飞行器械空气动力学实验。一方面，科学家们希望通过测定"麦哲伦号"在遭遇由二氧化碳和硫酸气体构成的金星大气时所能承受的扭矩大小，进而确定金星大气二氧化碳层的厚度，帮助研究地球大气二氧化碳含量增加是否也会形成类似金星那样不适于生命形式存在的气候。另一方面，借助于将"麦哲伦号"上两块5.8米长太阳能电池板由原先的双翼形状变成了双叶螺旋桨形状、进而延缓其下降过程，科学家们希望找到一种方法，来延长今后发射的星际探测飞船的飞行时间。

对于失去这样一艘在飞行最后阶段都在为人类空间探测事业作出贡献的探测器，美国国家航空航天局的科学家们非常惋惜。喷气推进实验室的工作人员向新闻界承认，这是一个令人伤感的时刻。不过，伤感之余，他们也为"麦哲伦号"之行的圆满成功感到兴奋。

6.2.16　苏梅克–列维9号彗星撞击木星

苏梅克-列维9号（SL9）彗星是一颗于1994年7月17日4时15分与木星撞击的彗星，也是人们首次能够直接观测太阳系的天体撞击事件。苏梅克-列维9号彗星于格林尼治标准时间1994年7月16日20时15分开始以每小时21万千米的速度陆续坠入木星大气层，撞向木星的南半球，形成了彗木相撞的天文奇观。

导图

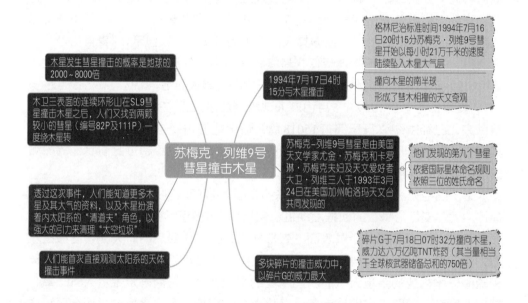

6.2.17　"伽利略号"太空探测器环绕木星

"伽利略号"太空探测器是1989年从"亚特兰蒂斯号"航天飞机上发射的，是美国国家航空航天局第一个直接专用探测木星的航天器，也是美国国家航空航天局发射的最成功的探测器之一。"伽利略号"太空探测器于1995年12月7日到达木星。

导图

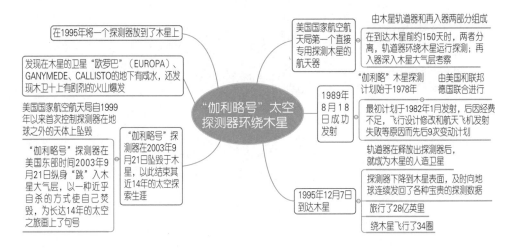

人物小史与趣事

★ "伽利略号" 坠毁木星

"伽利略号" 木星探测飞船是美国动员了成千上万名专家和工程技术人员，耗费了巨额资金研制成功的。木星探测飞船造价近10亿美元，是美国当时最精密的星际飞行器，整个发射计划耗资约15亿美元。它以时速14.03万千米的速度，于1995年12月7日到达木星，使人类对这个距离地球非常遥远的星球有了更详细的了解。

在坠毁之日，数百名科学家、工程技术人员和他们的家属们，聚集在帕萨德纳的美国国家航空航天局喷气推进实验室，遥送 "伽利略号" 走完它的最后一段路程。这里有不少人已经在这个项目中工作数十年，探测器的陨落让他们颇为伤感。一位名叫洛佩斯的科学家这样说："对一位老朋友说再见，真有点难过。"坠落过程开始后，最后一任项目主管亚历山大女士的眼睛也一度变得湿润。对于参加建造、发射和照顾 "伽利略号" 的人来说，9月21日将标志一个时代的结束。"伽利略号" 虽然是一台无生命的机器，但它从孕育到坠毁过程中经历的种种辉煌和挫折，让科学家们难以割舍。

在美国时间2003年9月21日下午（北京时间9月22日凌晨），"伽利略号"结束了在木星的八年使命，它旅行了28亿英里，终结日期比原来预计的晚了六年。"伽利略"计划主持人泰力格女士说："'伽利略号'宇宙飞船已经老化，燃

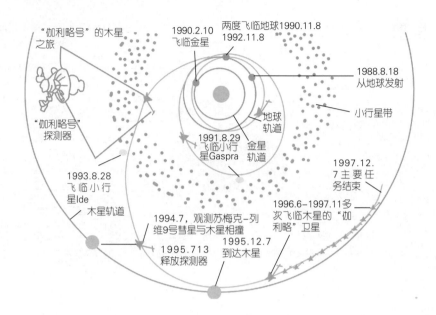

料快要用罄，而且不断暴露在辐射下。在宇宙飞船脱离我们的控制之前让它以受到控制的方式了结，这样做是对的。"

　　美国国家航空航天局太阳系探索部门负责人科伦·哈特曼说："人类进行太空探索最想揭开的一个谜是，茫茫太空中，地球生命真的孤独吗？""伽利略号"木星探测器让人类看到了外星球生命的希望，因为从它从木星的卫星"欧罗巴"上发回的照片显示，这颗木星的卫星有一片海洋！在地球上，水就意味着生命，因此在地球外的其他天体上，如果发现有水的迹象，那么就意味着有生命的绿洲！"伽利略号"上的燃料即将用完，没有燃料的话，这个宇宙探测器将会失控，就有可能撞向欧罗巴的海洋中，"伽利略"号上的地球细菌就有可能在那片陌生的外星海洋上生存甚至发展起来，从而污染了遥远的欧罗巴海洋，威胁那里可能存在的外星生命！

　　"伽利略"项目负责人克劳迪娅说，"让'伽利略号'探测器烈火焚身是件正确的事，因为'欧罗巴'的环境太珍贵太值得我们地球人保护了，而且'欧罗巴'一定会成为未来人类太空探索最聚焦的星球，因为那里可能存在有地球生命的伙伴——外星生命！"

6.2.18　"火星全球勘测者号"探测器进入火星轨道考察

　　1996年11月7日，美国发射的"火星全球勘测者号"探测器，经过10个月的飞行，于1997年9月11日进入绕火星运行的轨道，并开始对火星进行考察。

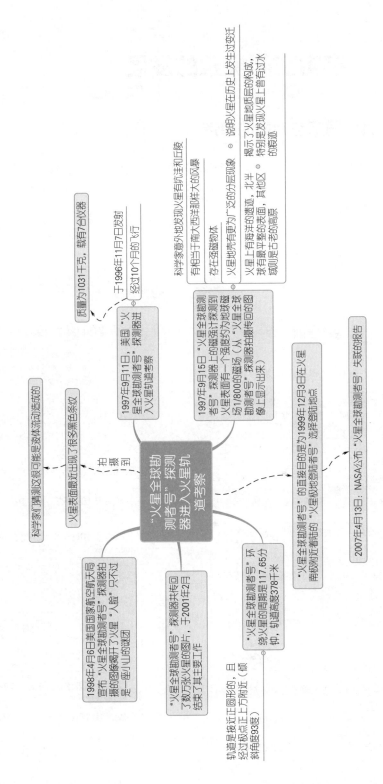

导 图

"火星全球勘测号"探测器进入火星轨道考察

质量为1031千克，载有7台仪器

于1996年11月7日发射

经过10个月的飞行

1997年9月11日，美国"火星全球勘测号"探测器进入火星轨道考察

科学家意外地发现火星有伤疤样的沟壑和丘陵

有相当于南大西洋那样大的区域

存在强磁物体

火星地壳有更为广泛的分层现象

火星表面有一块蛮平整的表面，其他区域则是古老的高原

说明火星地质层的构成，北半球

揭示了南海洋的遗迹

特别是发现火星上曾有过水的痕迹

1997年9月15日"火星全球勘测号"探测器上的磁强计探测到火星表面有一强度约为地球磁场1/800的磁场（从"火星全球勘测号"探测器拍摄传回的图像上显示出来）

科学家们猜测这很可能是液体流动造成的

火星表面最近出现了很多黑色条纹

拍摄到

1998年4月6日美国国家航空航天局宣布"火星全球勘测号"探测器拍摄的图像揭开了火星"人脸"只不过是一座小山的谜团

"火星全球勘测号"探测器共传回了数万张火星的图片，于2001年2月结束了其主要工作

"火星全球勘测号"绕火星的周期是117.65分钟，轨道高度378千米

轨道是接近正圆形的，且经过极点正上方附近（倾斜角度93度）

"火星全球勘测号"的首要目的是为1999年12月3日在火星南极附近着陆的"火星极地着陆者号"选择登陆地点

2007年4月13日：NASA公布"火星全球勘测号"失联的报告

6.3 宇宙空间探索的发展

6.3.1 国际空间站的建造

国际空间站是一个由六个国际主要太空机构联合推进的国际合作计划。国

导图

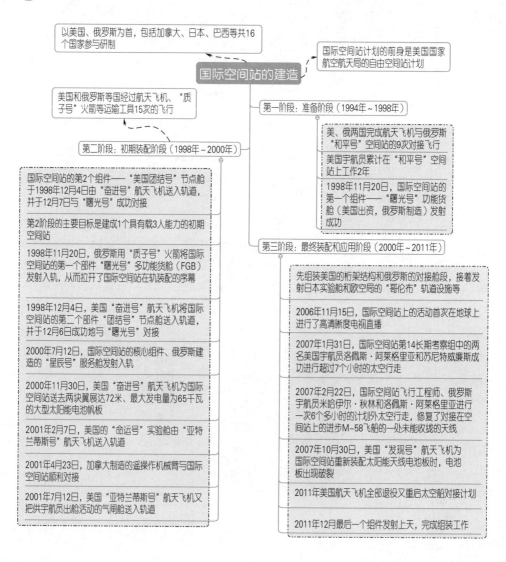

以美国、俄罗斯为首，包括加拿大、日本、巴西等共16个国家参与研制

国际空间站计划的前身是美国国家航空航天局的自由空间站计划

国际空间站的建造

美国和俄罗斯等国经过航天飞机、"质子号"火箭等运输工具15次的飞行

第一阶段：准备阶段（1994年～1998年）

美、俄两国完成航天飞机与俄罗斯"和平号"空间站的9次对接飞行

美国宇航员累计在"和平号"空间站上工作2年

1998年11月20日，国际空间站的第一个组件——"曙光号"功能货舱（美国出资，俄罗斯制造）发射成功

第二阶段：初期装配阶段（1998年～2000年）

国际空间站的第2个组件——"美国团结号"节点舱于1998年12月4日由"奋进号"航天飞机送入轨道，并于12月7日与"曙光号"成功对接

第2阶段的主要目标是建成1个具有载3人能力的初期空间站

1998年11月20日，俄罗斯用"质子号"火箭将国际空间站的第一个部件"曙光号"多功能货舱（FGB）发射入轨，从而拉开了国际空间站在轨装配的序幕

1998年12月4日，美国"奋进号"航天飞机将国际空间站的第二个部件"团结号"节点舱送入轨道，并于12月6日成功地与"曙光号"对接

2000年7月12日，国际空间站的核心组件、俄罗斯建造的"星辰号"服务舱发射入轨

2000年11月30日，美国"奋进号"航天飞机为国际空间站送去两块翼展达72米，最大发电量为65千瓦的大型太阳能电池帆板

2001年2月7日，美国的"命运号"实验舱由"亚特兰蒂斯号"航天飞机送入轨道

2001年4月23日，加拿大制造的遥操作机械臂与国际空间站顺利对接

2001年7月12日，美国"亚特兰蒂斯号"航天飞机又把供宇航员出舱活动的气闸舱送入轨道

第三阶段：最终装配和应用阶段（2000年～2011年）

先组装美国的桁架结构和俄罗斯的对接舱段，接着发射日本实验舱和欧空局的"哥伦布"轨道设施等

2006年11月15日，国际空间站上的活动首次在地球上进行了高清晰度电视直播

2007年1月31日，国际空间站第14长期考察组中的两名美国宇航员洛佩斯·阿莱格里亚和苏尼特威廉斯成功进行超过7个小时的太空行走

2007年2月22日，国际空间站飞行工程师、俄罗斯宇航员米哈伊尔·秋林和洛佩斯·阿莱格里亚进行一次6个多小时的计划外太空行走，修复了对接在空间站上的进步M-58飞船的一处未能收拢的天线

2007年10月30日，美国"发现号"航天飞机为国际空间站重新装配太阳能天线电池板时，电池板出现破裂

2011年美国航天飞机全部退役又重启太空船对接计划

2011年12月最后一个组件发射上天，完成组装工作

际空间站的设想是1983年由美国总统里根首先提出的，经过近十余年的探索和多次重新设计，直到苏联解体、俄罗斯加盟，国际空间站才于1993年完成设计，开始实施。1998年11月20日，国际空间站的第一个组件——"曙光号"功能货舱（美国出资，俄罗斯制造）发射成功，标志着国际空间站正式进入第二阶段——初期装配阶段。

人物小史与趣事

★躲避垃圾

2012年9月26日，美国国家航空航天局（NASA）表示，一颗俄罗斯废弃卫星的碎片和一艘印度火箭的残骸27日将飞近国际空间站，并且存在着撞击空间站的可能。如果有必要，国际空间站于27日可能会做出移动。国际空间站内三名航天员会借助对接在空间站上的欧洲补给宇宙飞船的动力来移动空间站。欧洲宇宙飞船本来就应该离开了，因为通信故障，返航时间才被延误。

2015年7月16日，国际空间站险遭太空垃圾（俄罗斯一颗气象卫星的残片）袭击。当时飞来的碎片离国际空间站仅有3千米，3名宇航员被迫只能用半小时的时间躲进逃生舱，暂时停留在太空站附近的"联盟号"宇宙飞船内避难，宇航员需要花费一个多小时才能够返回国际空间站重新开始工作。这已经是国际空间站建立16年来第四次发生类似的事件。据悉，国际空间站所在的轨道上有2.2万块由废弃卫星、火箭残骸、航天器爆炸和相撞过程中产生的碎片。这些碎片的直径至少有10厘米，飞行速度为28160千米/时，会给轨道中运行的飞行器带来安全威胁。

6.3.2　中国第一艘无人操纵宇宙飞船发射

1999年，我国首次发射了无人太空飞船——"神舟1号"，它是中国载人航天工程的首次飞行，标志着中国在载人航天飞行技术上有了重大突破，是中国航天史上的一座里程碑。

导图

1992年9月21日，中国政府最后批准了载人空间飞行计划，通常称921计划

中国的宇宙飞船

北京时间1999年11月20日，中国发射了第一艘无人操纵宇宙飞船——"神舟1号"测试飞船

"神舟1号"在21小时11分钟内绕地球14圈成功返回到预定的内蒙古降落地点

2001年1月10日，中国发射了"神舟2号"飞船

中国第一艘正样无人航天飞船

"神舟2号"飞船在轨运行7天后成功地返回地面

"神舟2号"飞船在轨期间开展了动物、植物、水生生物、微生物及离体细胞和细胞组织的空间环境效应实验

2002年3月25日，"神舟3号"发射升空

"神舟3号"由推进舱、返回舱及轨道舱组成

"神舟3号"搭载了一个模拟航天员，该装置可模拟人体代谢、模拟人生理信号、可以定量模拟航天员在太空中的重要生理活动参数

"神舟3号"在太空绕地球飞行107圈后，于2002年4月1日准确降落在内蒙古中部的着陆场

2002年12月30日，"神舟4号"飞船发射升空

飞船搭载了一个模拟航天员，并进行了一系列科学实验，于2003年1月5日返回预定的地点

2003年10月15日，中国发射的"神舟5号"是第一艘载人飞船

将航天员杨利伟送上太空

绕地14圈，共21小时，然后安全返回

2005年10月12日上午9点，"神舟6号"飞船在酒泉卫星发射中心发射升空

费俊龙和聂海胜两位中国航天员被送上太空

"神舟6号"在轨时间近5天，于2005年10月17日4点33分返回地面

2008年9月25日21点10分，"神舟7号"飞船在中国酒泉卫星发射中心载人航天发射场用"长征2号F"火箭发射升空

"神舟7号"上搭载了3位宇航员，分别是翟志刚（指令长）、刘伯明及景海鹏

"神舟7号"飞船共计飞行2天20小时27分钟，在轨期间翟志刚出舱作业，刘伯明在轨道舱内协助——头部和手部部分出舱，实现了中国航天史上的第一次太空漫步

"神舟7号"于北京时间2008年9月28日17点37分成功着陆于中国内蒙古四子王旗

2011年11月1日5时58分10秒，"神舟8号"飞船在酒泉卫星发射中心用改进型"长征2号F"遥八火箭发射升空

2011年11月3日凌晨进行第一次交会对接之后，"天宫1号"与"神舟8号"组合飞行12天之后，第二次交会对接在11月14日进行

2011年11月16日，"神舟8号"将第二次撤离天宫1号，于2011年11月17日19点32分30秒成功返回着陆

2012年6月16日18时37分24秒，"神舟9号"飞船在酒泉卫星发射中心用"长征2号F"运载火箭发射升空

2012年6月18日14时许，在完成捕获、缓冲、拉近和锁紧程序之后，"神舟9号"与"天宫1号"紧紧相牵，中国首次载人交会对接取得成功

2012年6月20日6时18分，在北京航天飞控中心控制下，"天宫1号"与"神舟9号"组合体在太空中进行了第一次姿态调整

北京时间6月29日10时许，"神舟9号"飞船返回舱成功降落在内蒙古中部的主着陆场预定区域内，航天员景海鹏、刘旺、刘洋平安回家

2016年10月17日7时30分，中国在酒泉卫星发射中心使用"长征二号FY11"运载火箭成功将"神舟11号"载人飞船送入太空

2016年10月19日凌晨，"神舟11号"飞船与"天宫2号"自动交会对接成功，航天员景海鹏、陈冬进入"天宫2号"

2016年11月9日，中共中央总书记、国家主席、中央军委主席习近平在中国载人航天工程指挥中心，同正在"天宫2号"执行任务的"神舟11号"航天员亲切通话

2016年11月17日12时41分，"神舟11号"飞船与"天宫2号"空间实验室成功实施分离，航天员景海鹏、陈冬即将踏上返回之旅

2016年11月18日13时59分，"神舟11号"飞船返回舱在内蒙古中部预定区域成功着陆，执行飞行任务的航天员景海鹏、陈冬身体状态良好

2013年6月11日17时38分，"神舟10号"飞船在酒泉卫星发射中心"921位"由"长征二号F"改进型运载火箭（遥十）"神箭"成功发射

在轨飞行15天，并首次开展中国航天员的太空授课活动

2013年6月26日，"神舟10号"载人飞船返回舱返回地面

人物小史与趣事

景海鹏

景海鹏，男，1966年10月出生，山西省运城人。

1985年6月入伍，1987年9月入党，现为中国人民解放军航天员大队特级航天员，少将军衔。曾任空军某师某团司令部领航主任，安全飞行1200小时，被评为空军一级飞行员。

2008年9月，执行神舟7号载人飞行任务，获得圆满成功。获得"英雄航天员"称号。

2012年3月，入选神舟九号任务飞行乘组。

2012年6月，圆满完成神舟9号任务。

2016年10月17日执行神舟11号飞行任务，任指令长。

陈冬

陈冬，男，汉族，1978年12月出生，河南郑州人，大学本科。

1997年8月入伍，1999年4月入党，现为中国人民解放军航天员大队三级航天员，上校军衔。

2016年10月17日执行神舟11号飞行任务，任航天员，首次参加载人航天飞行。

★神舟11号航天员的生活保障

（1）医健医保

"神舟11号"飞行期间，地面医疗团队将综合利用医疗问询、基本生理指标检查、尿常规检测、心肺功能检查等手段，定期对"神舟11号"的航天员实施健康状态的评估，并注重飞行期间舱内微生物的控制，配备了预防治疗的一些药品和相关的医疗器械，以此来保证"神舟11号"航天员的健康。首次建立起了天地远程医疗支持系统，通过天地协同会诊解决航天员的在轨"看病"问题。

（2）失重生理效应防护

"天宫2号"配备了防护装备和锻炼设备，以尽量降低失重对航天员带来的不利影响。如航天员可以使用套袋来解决飞行初期的头晕与鼻塞等不适反应；通过使用拉力器自行车的锻炼、工作时穿着企鹅服，可以对心肺功能下降、肌肉萎缩和骨丢失进行综合防护。

（3）营养健康保障

对于此次任务可以提供近百种航天食品，食谱周期达到5天，膳食结构也更加科学，以满足神舟11号航天员在轨飞行期间的能量摄入和他们的营养需求。同时，也考虑了一些个性化的需求，并且增强了食品的感官接受性。

航天食品

　　航天食品是供航天员在空间飞行中食用的食品，它是根据航天员生活所处的特殊环境，结合航天人员在太空的口味和消化吸收能力，以及特殊进食方式而研制的。可以这样说，航天食品是为在特定的环境、特定的人群而研制出的一种特殊食物。

（4）心理支持

由于本次飞行任务时间较长，因此需要在专业心理医生、亲人交流和航天员团队支持的基础上，进一步通过完善技术支持手段提高对"神舟11号"航天员的心理支持力度。比如基于虚拟现实技术的心理舒缓系统；升级天地信息交流系统，以方便航天员与地面进行双向的沟通；同时，支持收发邮件、视频和音频电话，以此来缓解航天员的压力，保证航天员的心理健康。

6.3.3　斯必泽太空望远镜发射

斯必泽太空望远镜由美国国家航空航天局于2003年8月发射，是人类送入太空的最大的红外望远镜，也是大型轨道天文台计划的最后一台空间望远镜。该望远镜隶属于美国国家航空航天局和加州理工学院。

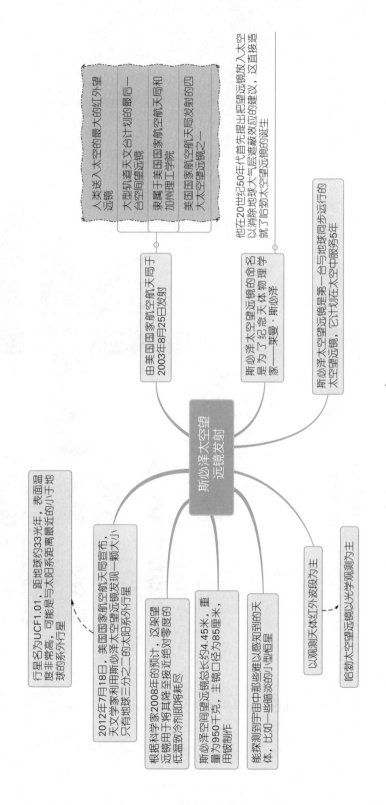

导图

斯必泽太空望远镜发射

人类送入太空的最大的红外望远镜

大型轨道天文台计划的最后一台空间望远镜

隶属于美国国家航空航天局和加州理工学院

美国国家航空航天局发射的四大太空望远镜之一

由美国国家航空航天局于2003年8月25日发射

斯必泽太空望远镜的命名是为了纪念天体物理学家——莱曼·斯必泽

他在20世纪50年代首先提出把望远镜放入太空以消除地球大气层遮蔽效应的建议，这直接造就了哈勃太空望远镜的诞生

斯必泽太空望远镜是第一台与地球同步运行的太空望远镜，它计划在太空中服务5年

行星名为UCF1.01，距地球约33光年，表面温度非常高，可能是与太阳系距离最近的小于地球的系外行星

2012年7月18日，美国国家航空航天局宣布，天文学家利用斯必泽太空望远镜发现一颗最大小只有地球三分之二的太阳系外行星

根据科学家2008年的预计，这架望远镜用于将其降至绝近对零度的低温致冷剂即将耗尽

斯必泽太空间望远镜总长约4.45米，重量为950千克，主镜口径为85厘米，用铍制作

能探测到宇宙中那些难以感知到的天体，比如一些暗淡的小型恒星

以观测天体红外波段为主

哈勃太空望远镜以光学观测为主

6.3.4　"勇气号"与"机遇号"在火星

"勇气号"与"机遇号"火星探测器是美国国家航空航天局在火星上执行勘测任务的两个探测器。"机遇号"于2003年7月7日发射，于2004年1月25日安全着陆火星表面。"勇气号"于2004年1月3日在火星南半球的古谢夫陨石坑着陆。

导图

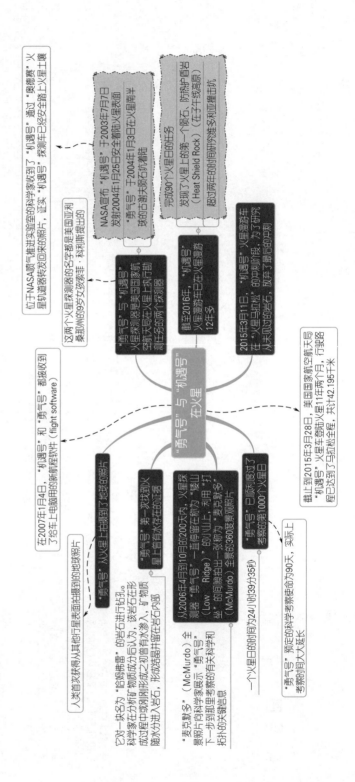

人物小史与趣事

★ "勇气号"与"机遇号"的命名

美国国家航空航天局2003年火星探测计划，官方正式名称为"火星探测漫游者"，代号为MER。除了官方正式名称和代号，2002年11月4日，两部火星车发射前，美国国家航空航天局宣布与丹麦著名玩具制造商乐高公司和行星学会合作，由乐高赞助并举办火星漫游车命名竞赛，面向5～18岁的美国青少年为两部双胞胎火星车征集名字。凡是在美国学校学习，并且在2002年秋季学习注册过的学生均可报名参加。竞赛活动于2003年1月31日截止，最后结果于2003年6月8日第一部火星车"勇气号"发射前夕对外公布。据悉，这次活动总共为两部双胞胎火星车征集到了将近10000个名字。当时正在上小学三年级的索菲·科利斯最终脱颖而出，成为优胜者。2003年6月8日，索菲·科利斯与美国国家航空航天局局长奥基夫一起出席了在美国国家航空航天局肯尼迪航天中心举行的火星车命名揭晓仪式。奥基夫在讲话中向索菲·科利斯表示感谢，称赞她取的名字体现了两辆火星车所承担使命的价值。

★ 死去的火星车

"勇气号"和它的姊妹火星车"机遇号"的设计寿命都是3个月，它们被派往火星的主要目的是搜寻这颗红色行星上古代水活动的迹象。"勇气号"和"机遇号"都极为出色地超额完成了它们的任务，并且证明火星在过去确实经历过更加温暖潮湿的时期。

2009年5月份，"勇气号"的轮子不幸陷入流沙无法脱身。无奈之下，地面控制人员只得将其变为一座设置在火星表面的固定探测站，在这种情况下，"勇气号"依然源源不断地测量着各种数据并发回地球。但是好景不长，随着火星严冬的临近，10个月之后，"勇气号"的太阳能帆板已经无法吸收到足量的阳光供发电之用，它最终没有挨过残酷的冬天。

它的姊妹火星车"机遇号"的情况则比较顺利。2011年8月份，经过差不多3年的跋涉，这辆饱经风霜的火星车终于抵达了它梦想中的目的地：直径约22千米的"奋进号"陨石坑（Endeavour Crater）。"机遇号"还发现了被地质学家们认为是证明液态水曾经流淌在火星表面的最好线索。2019年2月13日，美国国家航空航天局宣布"机遇号"火星车"死亡"。

6.3.5 "卡西尼号"探索土星

"卡西尼号"土星探测器是20世纪最后一艘行星际探测的大飞船，它于1997年发射升空，于2004年飞抵土星，进入环绕土星运行的轨道，同时放出一个名叫"惠更斯"的探测器，飞往土卫六，并计划在土卫六上找到地球如何形成有利于生命生长的环境的线索。"卡西尼号"土星探测器不断向地球传回在土星拍摄的图像，并且有一些重大的发现。

导 图

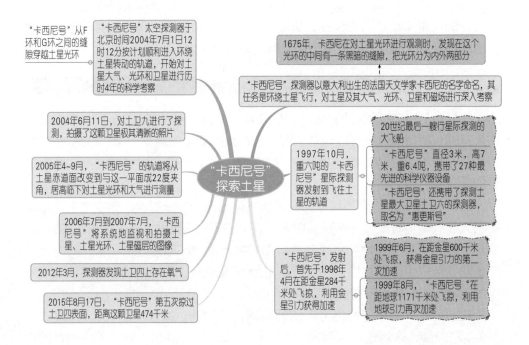

"卡西尼号"从F环和G环之间的缝隙穿越土星光环

"卡西尼号"太空探测器于北京时间2004年7月1日12时12分按计划顺利进入环绕土星转动的轨道，开始对土星大气、光环和卫星进行历时4年的科学考察

2004年6月11日，对土卫九进行了探测，拍摄了这颗卫星极其清晰的照片

2005年4~9月，"卡西尼号"的轨道将从土星赤道面改变到与这一平面成22度夹角，居高临下对土星光环和大气进行测量

2006年7月到2007年7月，"卡西尼号"将系统地监视和拍摄土星、土星光环、土星磁层的图像

2012年3月，探测器发现土卫四上存在氧气

2015年8月17日，"卡西尼号"第五次掠过土卫四表面，距离这颗卫星474千米

"卡西尼号"探索土星

1675年，卡西尼在对土星光环进行观测时，发现在这个光环的中间有一条黑暗的缝隙，把光环分为内外两部分

"卡西尼号"探测器以意大利出生的法国天文学家卡西尼的名字命名，其任务是环绕土星飞行，对土星及其大气、光环、卫星和磁场进行深入考察

20世纪最后一艘行星际探测的大飞船

"卡西尼号"直径3米，高7米，重6.4吨，携带了27种最先进的科学仪器设备

"卡西尼号"还携带了探测土星最大卫星土卫六的探测器，取名为"惠更斯号"

1997年10月，重六吨的"卡西尼号"星际探测器发射到飞往土星的轨道

1999年6月，在距金星600千米处飞掠，获得金星引力的第二次加速

1999年8月，"卡西尼号"在距地球1171千米处飞掠，利用地球引力再次加速

"卡西尼号"发射后，首先于1998年4月在距金星284千米处飞掠，利用金星引力获得加速

人物小史与趣事

2006年6月，"卡西尼号"探测器庆祝了其特殊的纪念日——在土星轨道上工作两周年。"卡西尼号"为研究土星神秘卫星作出了重要贡献。2003年12月底，"卡西尼号"完成了对土星大气的初步分析，除早已知道的氢是土星的主要成分，摄谱仪还发现了氧气的存在。由于土星光环主要是由水冰组成的，因此科学家认为，"卡西尼号"发现的原子氧是光环内部冰碎片碰撞后使水分解的产物，但后来这一看法并没有得到证实。

2004年1月，"卡西尼号"在土星较远的E环中发现大量氧气云团，仅仅几个月后大部分氧气云团便消失得无影无踪。2005年春季，"卡西尼号"开始研究同样位于E环外面的土卫二，在那里曾发现神秘的氧气云团。"卡西尼号"传感器表明，土卫二也拥有大气，"卡西尼号"太空尘埃分析仪发现土卫二周围有粒子流，科学家提出查明粒子源的目标，飞行控制中心的专家重新编程"卡西尼号"的轨道，以便能更详细地研究土卫二。2005年7月，"卡西尼号"从距离土卫二175千米处飞过，其舱内仪器表明，土卫二南极上的大量暗裂缝或者"条纹"是喷出水蒸气和冰粒子的火山裂口。要长期维持大气应当具有很小的引力，但土卫二具有长期稳定的大气补给源——火山喷泉。当"卡西尼号"飞过土卫二时，太阳照亮了土卫二的南极，正是在这时光谱分析仪确定土卫二周围水蒸气与冰云团中存在氧气。根据后来进行的计算，云团中的水量达到约100万吨，如此数量的水在它分解之后足以产生一年前在E环中发现的相应数量的氧气。由此可见，土卫二大气中原子氧的秘密被揭开，另外"卡西尼号"还查明了土卫二的火山活性，土卫二很可能具有炽热核心。土卫二的喷泉喷发大量水蒸气和冰粒不仅能够维持自身的大气，而且还能够补给土星整个E环。

科学家们认为，在土卫二冰面下深处拥有巨大的液态水区，液态水被热源加热引起喷泉的喷发。如果存在液态水与热水被证实，则土卫二将成为可能存在生命的天体之一。

6.3.6 "惠更斯号"登陆土卫六

"惠更斯号"探测器由"卡西尼号"太空探测器携带，于2004年12月25日与母船分离，飞往土卫六，并且成功软着陆，于北京时间2005年1月15日0时19分发回首批数据。

导图

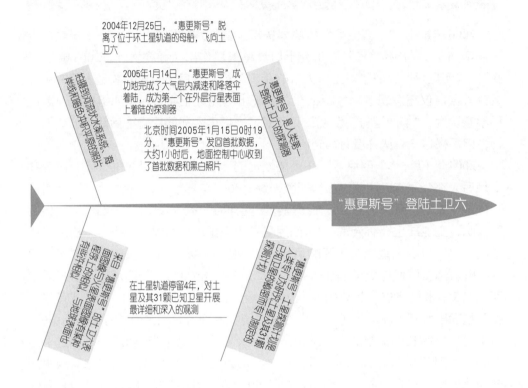

2004年12月25日，"惠更斯号"脱离了位于环土星轨道的母船，飞向土卫六

2005年1月14日，"惠更斯号"成功地完成了大气层内减速和降落伞着陆，成为第一个在外层行星表面上着陆的探测器

北京时间2005年1月15日0时19分，"惠更斯号"发回首批数据，大约1小时后，地面控制中心收到了首批数据和黑白照片

拍摄到初步形状为大案系统、海岸线和暗色冲积平原的照片

"惠更斯号"是人类第一个登陆土卫六的探测器

"惠更斯号"登陆土卫六

来自"惠更斯号"的土卫六有着地球表面般的特征，与地球表面极相似，有山峦、河流和海洋

人类与"土星探测计划"——已知卫星及其31颗已知卫星的轨道而令人瞩目的

在土星轨道停留4年，对土星及其31颗已知卫星开展最详细和深入的观测

人物小史与趣事

6.3.7　冥王星降级为矮行星

冥王星是太阳系中较大的天体，位于海王星以外的柯伊伯带内侧，属于外海王星天体。2006年8月24日布拉格国际天文学联合会上，以绝对多数通过决议5A-行星的定义，决议6A-冥王星级天体的定义，冥王星从此被视为是太阳系的矮行星，编号为134340。

导图

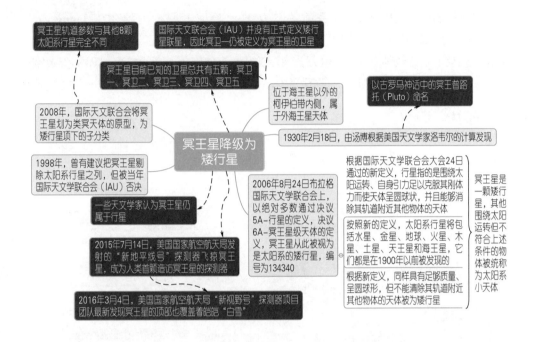

冥王星轨道参数与其他8颗太阳系行星完全不同

国际天文联合会（IAU）并没有正式定义矮行星联星，因此冥卫一仍被定义为冥王星的卫星

冥王星目前已知的卫星总共有五颗：冥卫一、冥卫二、冥卫三、冥卫四、冥卫五

以古罗马神话中的冥王普路托（Pluto）命名

位于海王星以外的柯伊伯带内侧，属于外海王星天体

2008年，国际天文联合会将冥王星划为类冥天体的原型，为矮行星项下的子分类

1998年，曾有建议把冥王星剔除太阳系行星之列，但被当年国际天文学联合会（IAU）否决

冥王星降级为矮行星

1930年2月18日，由汤博根据美国天文学家洛韦尔的计算发现

一些天文学家认为冥王星仍属于行星

2006年8月24日布拉格国际天文学联合会上，以绝对多数通过决议5A-行星的定义，决议6A-冥王星级天体的定义，冥王星从此被视为是太阳系的矮行星，编号为134340

2015年7月14日，美国国家航空航天局发射的"新地平线号"探测器飞掠冥王星，成为人类首颗造访冥王星的探测器

2016年3月4日，美国国家航空航天局"新视野号"探测器项目团队最新发现冥王星的顶部也覆盖着皑皑"白雪"

根据国际天文学联合会大会24日通过的新定义，行星指的是围绕太阳运转、自身引力足以克服其刚体力而使天体呈圆球状，并且能够消除其轨道附近其他物体的天体

按照新的定义，太阳系行星将包括水星、金星、地球、火星、木星、土星、天王星和海王星，它们都是在1900年以前被发现的

根据新定义，同样具有足够质量、呈圆球形，但不能清除其轨道附近其他物体的天体被为矮行星

冥王星是一颗矮行星，其他围绕太阳运转但不符合上述条件的物体被统称为太阳系小天体

知识链接

行星

行星通常指自身不发光、环绕着恒星的天体，其公转方向常与所绕恒星的自转方向相同。一般来说，行星需具有一定质量，行星的质量要足够大且近似于圆球状，自身不能像恒星那样发生核聚变反应。

如何定义行星这一概念在天文学上一直是个备受争议的问题。国际天文学联合会2006年8月24日通过了行星的新定义，这一定义包括以下三点：

①必须是围绕恒星运转的天体；

②质量必须足够大，来克服固体引力以达到流体静力平衡的形状（近于球体）；

③必须清除轨道附近区域，公转轨道范围内不能有比它更大的天体。

6.3.8　哈尼天体的发现

　　哈尼天体，它的发现者是荷兰的女教师哈尼·冯·阿科尔（Hanny van Arker），她于2007年在参加星系动物园项目时第一个发现了这个天体。一团巨大的发出绿光的气体，长达30万光年，位于一个旋涡星系附近，飘荡在太空之中，这个古怪的东西被称为哈尼天体，目前已经在其内部确认有一个恒星新生区。

导图

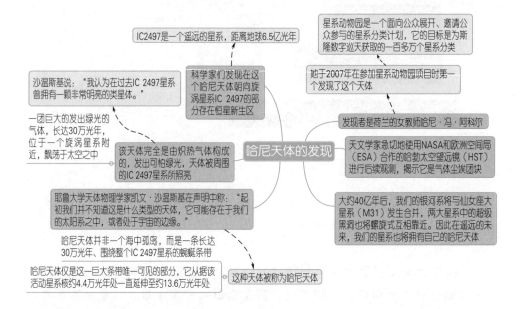

6.3.9　"嫦娥一号"成功发射升空

　　中国探月工程，又称"嫦娥工程"。"嫦娥工程"主要分为"无人月球探测""载人登月"和"建立月球基地"三个阶段。2007年10月24日18时05分，"嫦娥一号"成功发射升空，在圆满完成各项使命后，于2009年按预定计划受控撞月。

导图

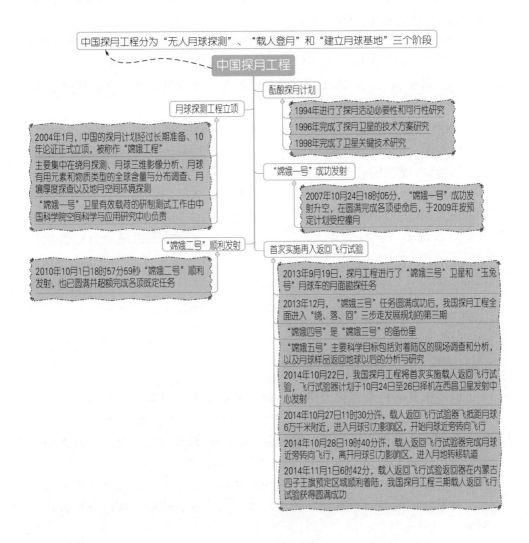

中国探月工程分为"无人月球探测"、"载人登月"和"建立月球基地"三个阶段

中国探月工程

酝酿探月计划

月球探测工程立项

1994年进行了探月活动必要性和可行性研究

1996年完成了探月卫星的技术方案研究

1998年完成了卫星关键技术研究

2004年1月，中国的探月计划经过长期准备、10年论证正式立项，被称作"嫦娥工程"

主要集中在绕月探测、月球三维影像分析、月球有用元素和物质类型的全球含量与分布调查、月壤厚度探查以及地月空间环境探测

"嫦娥一号"卫星有效载荷的研制测试工作由中国科学院空间科学与应用研究中心负责

"嫦娥一号"成功发射

2007年10月24日18时05分，"嫦娥一号"成功发射升空，在圆满完成各项使命后，于2009年按预定计划受控撞月

"嫦娥二号"顺利发射

首次实施再入返回飞行试验

2010年10月1日18时57分59秒"嫦娥二号"顺利发射，也已圆满并超额完成各项既定任务

2013年9月19日，探月工程进行了"嫦娥三号"卫星和"玉兔号"月球车的月面勘探任务

2013年12月，"嫦娥三号"任务圆满成功后，我国探月工程全面进入"绕、落、回"三步走发展规划的第三期

"嫦娥四号"是"嫦娥三号"的备份星

"嫦娥五号"主要科学目标包括对着陆区的现场调查和分析，以及月球样品返回地球以后的分析与研究

2014年10月22日，我国探月工程将首次实施载人返回飞行试验，飞行试验器计划于10月24日至26日择机在西昌卫星发射中心发射

2014年10月27日11时30分许，载人返回飞行试验器飞抵距月球6万千米附近，进入月球引力影响区，开始月球近旁转向飞行

2014年10月28日19时40分许，载人返回飞行试验器完成月球近旁转向飞行，离开月球引力影响区，进入地月转移轨道

2014年11月1日6时42分，载人返回飞行试验返回器在内蒙古四子王旗预定区域顺利着陆，我国探月工程三期载人返回飞行试验获得圆满成功

人物小史与趣事

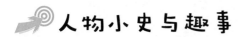
★中国首次月球探测工程四大科学任务

中国首次月球探测工程四大科学任务：

① 获取月球表面的三维立体影像，精细划分月球表面的基本构造和地貌单

元，并进行月球表面撞击坑形态、大小、分布、密度等的研究，为类地行星表面年龄的划分和早期演化历史研究提供基本数据，并且为月面软着陆区选址和月球基地位置优选提供基础资料等。

② 分析月球表面的有用元素含量和物质类型的分布特点，主要是勘察月球表面有开发利用价值的钛、铁等14种元素的含量与分布，并绘制各元素的全月球分布图，月球岩石、矿物和地质学专题图等，发现各元素在月表的富集区，评估月球矿产资源的开发利用前景等。

③ 探测月壤的厚度，即利用微波辐射技术，获取月球表面月壤的厚度数据，从而得到月球表面的年龄及其分布，并且在此基础上，估算核聚变发电燃料氦-3的含量、资源分布及资源量等。

④ 探测地球至月球的空间环境。月球与地球平均距离为38万千米，处于地球磁场空间的远磁尾区域，卫星在此区域可以探测太阳宇宙线高能粒子和太阳风等离子体，并研究太阳风和月球以及地球磁场磁尾与月球的相互作用。

知识链接

太阳风

太阳风是从恒星上层大气射出的超声速等离子体带电粒子流。在不是太阳的情况下，这种带电粒子流也常常称为"恒星风"。太阳风是一种连续存在、来自太阳并且以200～800千米/秒的速度运动的高速带电粒子流。这种物质虽然与地球上的空气不同，不是由气体分子组成的，而是由更简单的比原子还小一个层次的基本粒子——质子和电子等组成的，但是它们流动时所产生的效应与空气流动十分相似，所以称其为太阳风。

6.3.10 "信使号"在水星

"信使号"是美国国家航空航天局在2004年8月3日发射的探测卫星，为了研究水星的环境与特性在2011年进入水星轨道，这也是"水手10号"任务之后人类首次探测水星。

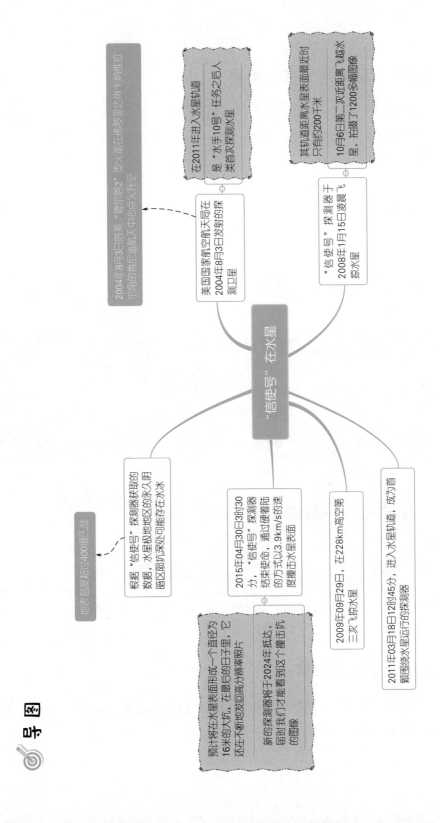

导图

"信使号"在水星

美国国家航空航天局在2004年8月3日发射的探测卫星

在2011年进入水星轨道

是"水手10号"任务之后人类首次探测水星

2004年8月3日搭乘"德尔塔2"型火箭在佛罗里达州卡纳维拉尔角的肯尼迪航天中心点火升空

"信使号"探测器于2008年1月15日凌晨飞掠水星

其轨道距离水星表面最近时只有约200千米

10月6日第二次近距离飞越水星，拍摄了1200多幅图像

地表温度超过400摄氏度

根据"信使号"探测器获取的数据，水星极地地区的永久阴暗区陨坑深处可能存在水冰

2015年04月30日3时30分，"信使号"探测器结束使命，通过硬着陆的方式以3.9km/s的速度撞击水星表面

预计将在水星表面形成一个直径为16米的大坑，在若干年后的日子里，它还在不断地发回高分辨率照片

新的探测器将于2024年抵达，届时我们才能看到这个撞击坑的图像

2009年09月29日，在228km高空第三次飞掠水星

2011年03月18日12时45分，进入水星轨道，成为首颗围绕水星运行的探测器

6.3.11 "曙光号"在灶神星

"曙光号"又称为"黎明号",是美国国家航空航天局的无人空间探测器,目的是探索小行星带最大的两颗小行星——谷神星与灶神星。"曙光号"于2011年7月16日抵达灶神星。

导图

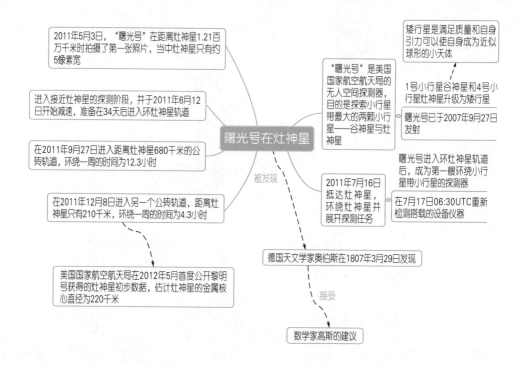

6.3.12 北美日全食

2017年8月21日,美国迎来千载难逢的日全食现象,是近40年以来美国境内首次覆盖范围最广的日全食。

🎯 导图

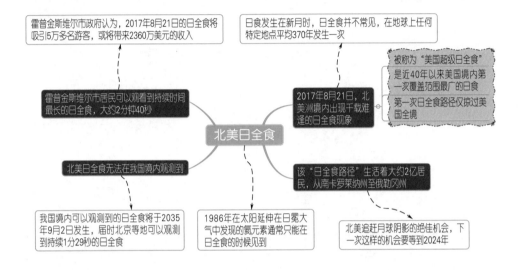

霍普金斯维尔市政府认为，2017年8月21日的日全食将吸引5万多名游客，或将带来2360万美元的收入

日食发生在新月时，日全食并不常见，在地球上任何特定地点平均370年发生一次

被称为"美国超级日全食"

是近40年以来美国境内第一次覆盖范围最广的日食

第一次日全食路径仅掠过美国全境

霍普金斯维尔市居民可以观看到持续时间最长的日全食，大约2分钟40秒

2017年8月21日，北美洲境内出现千载难逢的日全食现象

北美日全食

北美日全食无法在我国境内观测到

该"日全食路径"生活着大约2亿居民，从南卡罗莱纳州至俄勒冈州

我国境内可以观测到的日全食将于2035年9月2日发生，届时北京等地可以观测到持续1分29秒的日全食

1986年在太阳延伸在日冕大气中发现的氦元素通常只能在日全食的时候见到

北美追赶月球阴影的绝佳机会，下一次这样的机会要等到2024年

知识链接

日珥、日冕

（1）日珥

在日全食时，太阳的周围镶着一个红色的环圈，上面跳动着鲜红的火舌，这种火舌状物体就叫作日珥。日珥是在太阳的色球层上产生的一种非常强烈的太阳活动，是太阳活动的标志之一。日珥通常发生在色球层，像是太阳面的"耳环"一样。大的日珥高于日面几十万千米，还有无数被称为针状体的高温等离子小日珥，针状体高达9000多千米，宽度约为1000千米，平均寿命为5分钟。

（2）日冕

日冕是太阳大气的最外层（其内部分别为光球层和色球层），厚度可达到几百万千米以上。日冕温度有100万摄氏度，粒子数密度为每立方米1015个。日冕只有在日全食时才能够看到，其形状随太阳活动大小而变化。在太阳活动极大年，日冕的形状接近于圆形，而在太阳活动极小年则呈椭圆形。

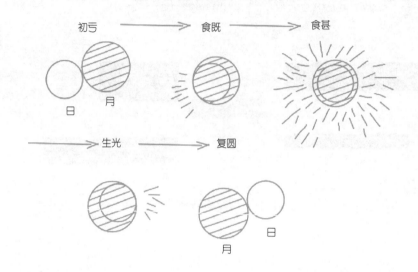

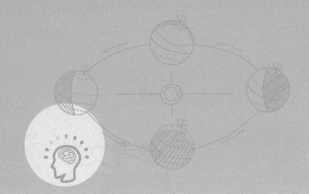

科学名家索引

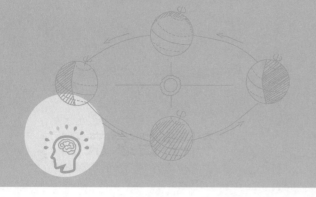

参考文献

[1] 别莱利曼.趣味天文学[M].程言,译.南昌:江西人民出版社,2013.

[2] 希瑟·库柏,奈杰尔·享贝斯特.图解天文学史[M].萧耐园,译.长沙:湖南科技出版社,2010.

[3] 张轩.天文的故事[M].天津:天津科学技术出版社,2012.

[4] 郑伟,陈小前,杨希祥.天文学基础[M].北京:国防工业出版社,2015.

[5] 姚建明.天文知识基础——你想知道的天文学[M].第2版.北京:清华大学出版社,2013.

[6] 罗佳,汪海洪.普通天文学[M].武汉:武汉大学出版社,2012.

[7] 苏山.天文学基础知识入门[M].北京:北京工业大学出版社,2013.

[8] 王玉民.大众天文学史[M].济南:山东科学技术出版社,2015.

[9] 西蒙·纽康.西蒙·纽康讲天文学[M].武汉:武汉大学出版社,2015.